Bernd Güsmann

Einführung in die Roboterprogrammierung

Bernd Güsmann

Einführung in die Roboterprogrammierung

Lehr- und Übungsbuch mit Trainingssoftware PRO-Tutor
für IBM AT und Kompatible

unter Mitarbeit von Bruno Heck und Thomas Epting

Mit 59 Bildern

Die Deutsche Bibliothek – CIP-Einheitsaufnahme

Güsmann, Bernd:
Einführung in die Roboterprogrammierung: Lehr-
und Übungsbuch mit Trainingssoftware PRO-Tutor
für IBM AT und Kompatible / Bernd Güsmann. Unter
Mitarbeit von Bruno Heck und Thomas Epting. –
Braunschweig; Wiesbaden: Vieweg, 1992.
    ISBN-13: 978-3-528-06393-1   e-ISBN-13: 978-3-322-84987-8
    DOI: 10.1007/978-3-322-84987-8

Das in diesem Buch enthaltene Programm-Material ist mit keiner Verpflichtung oder Garantie irgendeiner Art verbunden. Der Autor übernimmt infolgedessen keine Verantwortung und wird keine daraus folgende oder sonstige Haftung übernehmen, die auf irgendeine Art aus der Benutzung dieses Programm-Materials oder Teilen davon entsteht.

Gedruckt auf säurefreiem Papier

ISBN-13: 978-3-528-06393-1

Vorwort

Dieses Buch ist eine Einführung in die Programmierung von Robotern, die nicht an einen bestimmten Roboter gebunden ist. Die Einführung hat exemplarischen Charakter und als Sprache wurde ROBOT-Tools der Firma 2i Industrial Informatics gewählt, welche auf Pascal und 'C' basiert und Sprachelemente in sich vereint, die Bestandteil vieler Roboterprogrammiersprachen sind. Für diese Einführung wurde die Pascal-Version gewählt. Diesem Buch liegt eine PC-Diskette mit dem Lehrsystem PRO-Tutor bei, welche, beginnend mit Abschnitt 3, parallel bei der Durcharbeitung des Buches benutzt werden sollte. Der PRO-Tutor unterstützt den Lehrstoff durch Erklärungen und graphische Darstellungen. Ferner ist die Simulation eines Roboters vom Typ Mitsubishi RM 501 in den PRO-Tutor integriert, mit welcher die Bewegungsbefehle der Programmiersprache nachvollzogen werden können.

Im Abschnitt 1 des Buches werden einige allgemeine Bemerkungen zur Robotik gemacht. Abschnitt 2 behandelt kleine Beispiele der SPS- und CNC-Programmierung sowie einführende Bemerkungen zur Roboterprogrammierung, um dem Leser die Einordnung der hochsprachenorientierten Roboterprogrammierung zu ermöglichen. Hier werden auch einige Robotertypen vorgestellt. Die Datentypen für die Roboterprogrammierung werden in Abschnitt 3 behandelt. Abschnitt 4 beinhaltet die Lagebeschreibung des Roboters und die mathematischen Grundlagen hierzu. In Abschnitt 5 folgen die Bewegungsbefehle und in Abschnitt 6 werden mit ROBOT-Tools vollständige Pascal-Programme angegeben.

Vorausgesetzt für das Verständnis werden Kenntnisse in der Pascal-Programmierung und Grundkenntnisse zur Algebra in den Gebieten Zahlenmengen, Trigonometrie, Analytische Geometrie, Vektoralgebra, Matrizen und Determinanten. Die wesentlichen Elemente der Vektor- und Matrizenrechung werden, soweit benötigt, in Abschnitt 4 behandelt. Mit dem mathematischen Verständnis für die Roboterprogrammierung kann man auf der Basis einer vorhandenen Sprache weitere projektspezifische Steuerungsprozeduren schreiben.

Gedacht ist diese elementare Einführung für Informatiker, Maschinenbauer, Elektrotechniker in der Automatisierung, Wirtschaftsingenieure oder Mathematiker, die sich mit der Roboterprogrammierung als Anwendung ihrer Disziplin beschäftigen wollen, ferner für Praktiker als Einstieg in die Roboterprogrammierung und als Grundlage zum Studium weitergehender Fachliteratur bzw. als Vorbereitung und Begleitung zu Kursen der Roboterhersteller. Als Voraussetzung für die Arbeit mit graphischen Roboterprogrammiersystemen werden in der Industrie vielfach Kenntnisse in der textuellen Programmierung, das heißt der hochsprachenorientierten Roboterprogrammierung im Rahmen dieses Buches, erwartet.

Mein Dank für die Unterstützung bei der Manuskripterstellung gilt Herrn Günter R. Koch, Geschäftsführer der 2i Industrial Informatics, der den Anstoß zu diesem Buch gab. Herr Bruno Heck und Herr Thomas Epting aus derselben Firma zeichnen für den PRO-Tutor und für die Weiterentwicklung von ROBOT-Tools verantwortlich und haben dankenswerterweise mit vielen Anregungen zu diesem Buch beigetragen. Für die hilfreichen Anmerkungen zum Abschnitt 2.1 danke ich meinem Kollegen Erik Jacobson. Mein Tutor Joachim Lack hat den Kampf mit dem Textsystem gewonnen. Er wurde bei der Erstellung einiger komplexer Bilder kräftig unterstützt von meiner Tutorin Anke Kußmaul. Für verschiedene Bilder konnten wir auf die Simulation des Fischertechnik-Trainingsroboters durch meine Studenten Harald

Osburg und Pablo Gallego Sanmiguel zurückgreifen.

Dem Lektor des Verlags Vieweg, Herrn Ewald Schmitt, danke ich für die wertvollen Hinweise und Anmerkungen sowie für die Geduld bei der Erstellung dieses Buches.

Meiner Frau Gisela danke ich, daß sie meine oftmalige Abwesenheit von der Familie mit Humor getragen hat.

Frankfurt 1992 Bernd Güsmann

Inhaltsverzeichnis

1 Einführung

Bei dem Begriff Roboter denken viele an menschenähnliche Maschinen, die gehen können, ihre Umwelt durch Sensoren wahrnehmen, welche an Augen, Ohren oder Nasen erinnern, und die teilweise mit erheblicher Intelligenz ausgestattet sind. Dieses Bild wird suggeriert durch die in Filmen und Literatur auftretenden Roboter. So geht auch der Begriff Roboter zurück auf das tschechoslowakische Bühnenstück "Rossums Universal Robot" von Karel Čapek aus dem Jahre 1920. Roboter wird abgeleitet vom slawischen "robota" und bedeutet "schwer arbeiten". Gestützt wird das Bild auch durch Roboter als menschenähnliche Hausgehilfen in Zeitungsberichten. Hierbei handelt es sich meist um Forschungs- oder Reklameobjekte.

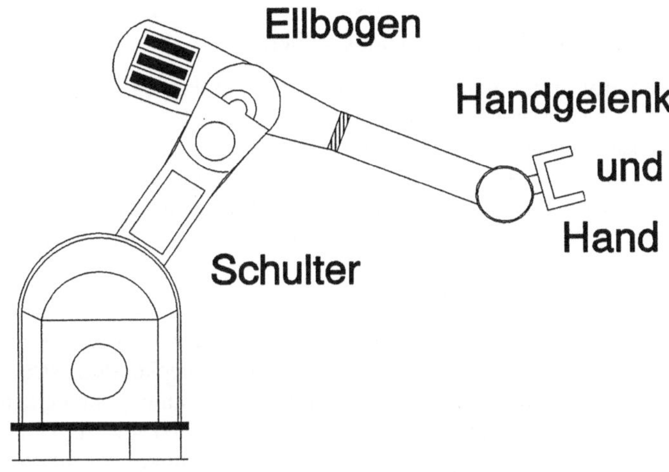

Bild 1-1: Ein Roboter mit der Funktionalität eines Armes

Die in der Industrie in großen Stückzahlen eingesetzten Robotertypen haben jedoch keine menschliche Erscheinungsform. Die Funktion vieler Typen ist allerdings der Funktion eines Armes mit einer Hand ähnlich. Ein Beispiel ist in Bild 1-1 gezeigt und diesen Typ werden wir in den weiteren Abschnitten zu vielen Beispielen heranziehen. Solche Roboter werden auch als Arm bezeichnet und bei den Teilen spricht man gelegentlich von Schulter, Ellbogen, Handgelenk und Hand.

Die Robotics Industries Association (RIA, diese Abkürzung stand früher für Robotics Institute of America) hat einen Roboter wie folgt definiert:

Ein Industrieroboter ist ein programmierbares, multifunktionales Handhabungsgerät, welches zum Bewegen von Material, Teilen, Werkzeugen oder besonderen Vorrichtungen mittels frei programmierbarer Bewegungen dient, um eine Vielzahl von Aufgaben erfüllen zu können.

Die Entwicklung von Technologien, deren Fortentwicklung später zu den Robotern der heute gängigen Art führten, begann in den späten 40er Jahren. Hierbei handelt es sich um

1. Teleoperatoren für die Arbeit mit radioaktivem Material
   (Arme, die außerhalb gefährdeter Arbeitsbereiche bedient wurden).
2. Numerisch gesteuerte Werkzeugmaschinen (NC-Maschinen).

Aus den NC-Maschinen wurden mit dem Einsatz von Computern später die CNC-Maschinen (Computerized Numerical Control). Die Kombination aus Numerischer Steuerung und Teleoperatoren bildete die Basis der Roboterentwicklung.

Einer wichtigen Erfindung auf dem Wege zum Roboter wurde 1961 das US-Patent erteilt. Diese Arbeit von George C. Devol trug den Titel "Programmed Article Transfer". Zusammen mit Josef F.Engelberger wurden basierend auf diesen Arbeiten Pläne und Prototypen des Unimate-Roboters entwickelt. 1962 wurde die Firma Unimation Company mit Engelberger als Präsident gegründet. Unimation wurde 1989 von der Schweizer Firma Stäubli übernommen und der Name lebt als Stäubli-Unimation weiter.

Die Entwicklung von Roboterprogrammiersprachen, wie sie exemplarisch in diesem Buch behandelt werden, begann in den 70er Jahren mit dem Einsatz von Rechnern zur Robotersteuerung. Am Anfang der Entwicklung stand die experimentelle Sprache Wave des Stanford Research Institute (SRI) aus dem Jahre 1973. Ebenfalls im Forschungsbereich folgte 1974 die Sprache AL. Aufgrund guter Kontakte von Unimation zum SRI entstand etwas später VAL für den Unimation-Roboter PUMA als erste kommerziell verwendete Roboterprogrammiersprache.

AL wurde in den frühen 80er Jahren auch zu Forschungszwecken an der Universität Karlsruhe auf einer PDP 11/34 implementiert. Die Universität Karlsruhe ist heute eines der Zentren für Roboterforschung in Deutschland. Hier wurde 1983 die Sprache SRL (Structured Robot Language) definiert und implementiert. Einer der Autoren, C.Blume, entwickelte für die Firma 2i Industrial Informatics die Sprache Pasro (Pascal for Robots), die als Lehr- und Demonstrationssprache konzipiert war. Aufbauend auf diesen Erfahrungen wurde von der Firma 2i für den Einsatz im industriellen Bereich ab 1988 das Programmiersystem ROBOT-Tools entwickelt. Mehrere Systeme sind bis heute erfolgreich implementiert worden. Die Daten aus den Anfängen der Robotertechnik sowie die für die Entwicklung von ROBOT-Tools wichtigen Daten sind in Tabelle 1-1 zusammengefaßt.

Tabelle 1-1: Einige Daten zur Entwicklung der Robotertechnik

1945	Einsatz von Teleoperatoren.
1952	Vorführung des Prototyps einer numerisch gesteuerten Maschine am Massachusetts Institute of Technology.
1959	Die Firma Planet Corporation stellt den ersten kommerziellen Roboter vor, der über Begrenzungsschalter und Kurvenscheiben gesteuert wird.
1960	Der Roboter Unimate wird vorgestellt. Mit einem hydraulischen Antrieb wird er nach dem Prinzip der Numerischen Steuerung bewegt.
1961	Erteilung des US-Patents für grundlegende Arbeiten zum Unimate.
1961	Veröffentlichung der Sprache APT für numerisch gesteuerte Maschinen.
1973	Die erste Roboterprogrammiersprache Wave wird vom SRI (Stanford Research Institute) entwickelt.
1974	AL folgt am SRI auf Wave.
1974	Der elektrisch angetriebene Roboter IRb6 von ASEA wird vorgestellt.
1978	Entwicklung der Sprache VAL für den PUMA-Roboter.
1983	Entwicklung der Sprache SRL an der Universität Karlsruhe.
1985	Veröffentlichung der Sprache Pasro.
1988	Entwicklung der Sprache ROBOT-Tools.

Die Flexibilität frei programmierbarer Roboter eröffnet ein weites Einsatzspektrum. Als Beispiele seien genannt:

- Schweißen: Punktschweißen, Lichtbogenschweißen, Nahtschweißen, Brennschneiden, Laserschneiden, Laserschweißen. In diesem Bereich ist derzeit die größte Anzahl von Robotern vertreten. Nach [WI1] werden bei der Mercedes-Benz AG, Sindelfingen, 60% der dort vorhandenen Roboter für das Punktschweißen eingesetzt. Diese Zahl kann auch als repräsentativ für andere moderne Automobilfabriken gelten.

- Wasserstrahlschneiden.

- Bohren, Fräsen: Diese Arbeiten beinhalten oftmals einen Werkzeugwechsel. Der Roboter übernimmt hier Funktionen einer CNC-Maschine.

- Säubern und Entgraten: Diese Arbeit ist oftmals einer Bearbeitung in CNC-Maschinen nachgeschaltet.

- Lackieren, Auftragen von Unterbodenschutz, Emaillieren.

- Kleben, Versiegeln.

- Entladen und Beladen: Beladung von CNC-Maschinen, Palletierung, Bewegung von Behältern, Verpackung, Verteilung, Bestückung von Pressen.

- Montage: Fügearbeiten.

- Inspektionsarbeiten: Prüfen und Testen in der Qualitätssicherung, Inspektion von Ölbohrplattformen und ähnlichen Konstruktionen unter Wasser durch bewegliche Roboter, in der Zukunft Inspektion von Flugzeugrümpfen. Alle diese Arbeiten erfordern komplexe Sensoren.

Der Einsatz von Robotern erfordert eine gründliche Planung. Der Roboter muß hierbei als Teil eines aufeinander abgestimmten Gesamtsystems gesehen werden. Die Karosseriefertigung in der Automobilindustrie mit teilweise weit mehr als 100 Robotern in einer Fertigungshalle ist ein eindrucksvolles Beispiel hierfür. Insgesamt sind bei der Adam Opel AG allein im Rüsselsheimer Werk 313 Roboter (Stand 1989) eingesetzt. 99% aller Schweißpunkte werden automatisch gesetzt. Bei der Volkswagen AG sind im Emdener Werk 610 Roboter (Stand 1988) eingesetzt. Planung bedeutet in diesem Bereich auch, daß die ungefähr 700 Karosserieteile eines Autos robotergerecht entworfen werden müssen. Bei den Anfängen des Robotereinsatzes war dabei einiges an Lehrgeld zu zahlen. All die unterschiedlichen Teile müssen an der richtigen Stelle zur Montage bereit liegen. Die Zulieferung wird über ein vernetztes Produktionssteuerungssystem gesichert. Bekannt ist heute das Schlagwort just-in-time-Lieferung, was bedeutet, daß der Produzent nur wenige Teile als Vorrat hat und die zur Montage benötigten Teile erst wenige Stunden vor der Verarbeitung angefertigt bzw. angeliefert werden und direkt an den Montageort transportiert werden. Bevor die Roboter arbeiten können, muß die Fertigungshalle also mit einem geeigneten Rechnernetzwerk ausgestattet sein. Für die Kommunikation zwischen den beteiligten Rechnern wird künftig vielfach das Protokoll MAP (Manufacturing Automated Protocol) eingesetzt werden.

Heute ist die Organisation so weit fortgeschritten, daß an einem Band unterschiedliche Modellvarianten und unterschiedliche Modelle gefertigt werden können. Ein Rechner des übergeordneten Produktionssteuerungssystems informiert die Schweißstraße jeweils über das zu produzierende Modell. Die Programme sind im Steuerungsrechner des Roboters gespeichert und über eine Information, die am Karosserieteil angebracht ist oder am Träger der Teile mitläuft oder die über ein Rechnernetzwerk mitgeteilt wird, wählt der Steuerungsrechner das entsprechende Programm aus. Die Aufgaben für einen Schweißroboter an einem Montageband können auch redundant ausgelegt werden. Bei Ausfall eines Roboters können der vorhergehende und der nachfolgende Roboter Teilaufgaben des ausgefallenen übernehmen, so daß das Band nicht still steht und die Produktion mit verringerter Geschwindigkeit fortgesetzt werden kann. Ob dieses Prinzip angewandt wird, hängt von der Philosophie des jeweiligen Unternehmens ab. Hierbei müssen die Roboter so plaziert sein, daß der Nachbarroboter einen vergleichbaren Arbeitsraum hat. Ferner muß es möglich sein, den ausgefallenen Roboter gefahrlos zu überprüfen, während die anderen Roboter weiter arbeiten. Daher gibt es Firmen, welche dieses Prinzip anwenden und Firmen, bei denen sich der erhöhte Organisationsaufwand nicht rentiert.

Die freie Programmierung eines Roboters, die als zentrales Thema dieses Buches den flexiblen Einsatz in vielen Bereichen ermöglicht, ist selbst wiederum nur eine Teildisziplin im Bereich der Robotik. Andere Disziplinen sind, ohne Anspruch auf Vollständigkeit, die Mechanik, die Werkstoffkunde, der Maschinenbau, die Elektrotechnik, die Regelungstechnik, die Mathematik und die Optik. Als Bereiche aktueller Forschung der Informatik sind zu nennen Programmiersprachen, Expertensysteme und Multitasking auf verteilten Systemen. Der Roboter ist also ein gutes Beispiel für ein interdisziplinäres Produkt.

2 Methoden der Prozeßprogrammierung und Robotertypen

In diesem Abschnitt sollen verschiedene Methoden der Prozeßprogrammierung angegeben werden. Eine dieser Methoden ist die hochsprachenorientierte Roboterprogrammierung, welche wir in diesem Buch näher kennenlernen wollen. Anschließend werden einige Robotertypen skizziert, wie sie heute im Einsatz sind.

2.1 Methoden der Prozeßprogrammierung

Der Begriff Prozeß wird in DIN 66201 definiert als "eine Gesamtheit von aufeinander einwirkenden Vorgängen in einem System durch die Materie, Energie oder Information umgeformt, transportiert oder gespeichert wird". Ein technischer Prozeß ist "ein Prozeß, dessen physikalische Größen mit technischen Mitteln erfaßt und beeinflußt werden können".

Im weiteren Verlauf wollen wir uns technische Prozesse vorstellen, wie sie formal in Bild 2-1 dargestellt sind.

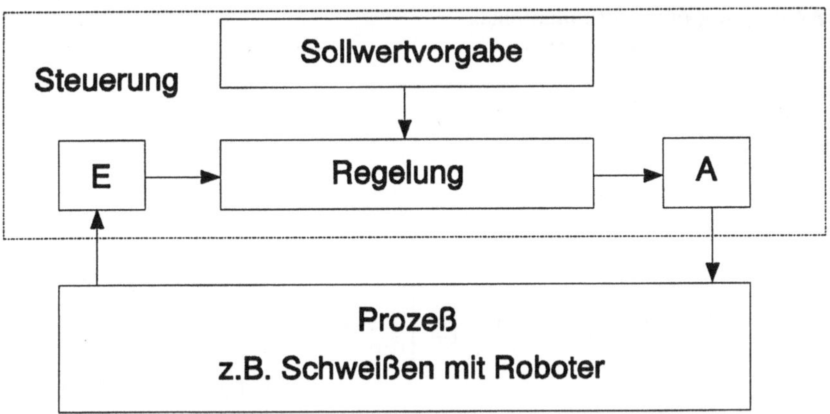

Bild 2-1: Prozeßsteuerung

Die Steuerung wird von einem Rechner durchgeführt. Hier erstellt ein Bediener oder ein übergeordneter Algorithmus die Sollwerte. Regelungsalgorithmen erzeugen hieraus nach Vergleich mit den Istwerten neue Stellwerte für den Prozeß, die über den Ausgang A an Stellglieder weitergeleitet werden. Die Istwerte werden von Sensoren geliefert, deren Signale zum Eingang E geführt werden. Eine Regelung kann auch entfallen, dann werden Sollwerte als Steuersignale direkt über den Ausgang A an Stellglieder geleitet.

Als Beispiele seien genannt:

- Fertigungsprozesse in der Automobilindustrie, z.B. das Zusammensetzen von Motorteilen, das Zusammensetzen von Karosserieteilen und anschließendes Schweißen oder ein Transport der Teile durch die Werkshalle.
- Die Herstellung von Getränken und deren Abfüllung in der Getränkeindustrie.
- Das Öffnen und Schließen einer Schranke zu einem Parkplatz.
- Die Herstellung von Tabletten und deren Verpackung in der Pharmaindustrie.

2.1.1 VPS: Verbindungsprogrammierte Steuerung

Bei der verbindungsprogrammierten Steuerung wird die Steuerung durch Hardware realisiert. Ursprünglich waren es Relais-/Schützsteuerungen mit elektromechanischen Bauteilen, später wurden elektronische Bauteile verwendet. Der Ablauf, "das Programm", wird durch Verdrahtung bestimmt und ist damit fest vorgegeben:

"Programmänderung" = Hardwareänderung.

Die Vorgehensweise bei der Entwicklung gliedert sich in die Schritte

- Anfertigung eines Stromlaufplans.
- Realisierung der Verdrahtung.

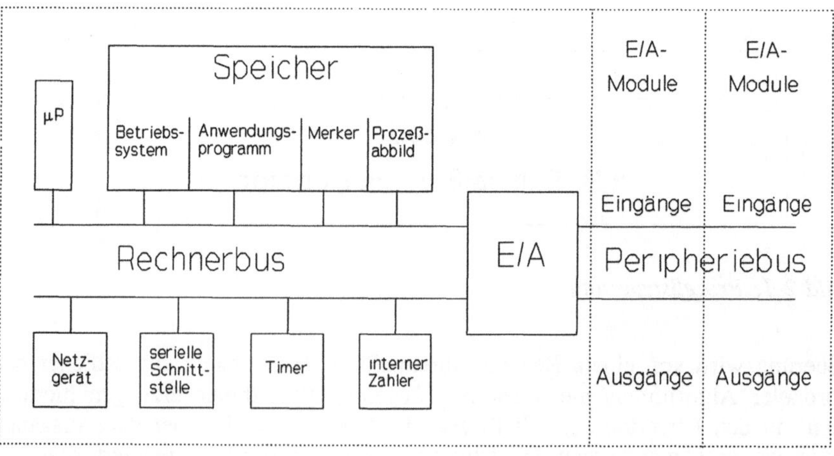

Bild 2-2: Modularer Aufbau einer SPS

2.1.2 SPS: Speicherprogrammierte Steuerung

Die speicherprogrammierte Steuerung nutzt die Eigenschaften eines Digitalrechners. Der Steuerungs- und Regelungsablauf wird programmiert und damit gewinnt die SPS gegenüber der VPS enorm an Flexibilität.

Eine SPS ist modular aufgebaut mit einem Rechnerteil und einem Teil mit E/A-Modulen für die Eingänge und Ausgänge zum Prozeß. Im Rechnerteil befinden sich der Mikroprozessor μP und der Speicher. Der Speicher ist aufgeteilt in Bereiche für das Betriebssystem, für das Anwendungsprogramm, für Merker und für das Prozeßabbild.

Merker sind die Variablen des Programms und im Prozeßabbild sind die Zustände der Eingänge und Ausgänge gespeichert. Im Gegensatz zu einem frei programmierbaren Universalrechner , wie z.B. einem PC, sind die Bereiche für Programm und Variablen fest vorgegeben.

Weiterhin befinden sich im Rechnerteil Timer für zeitabhängige Vorgänge sowie interne Zähler.

Zur Programmierung wird ein Programmiergerät an die serielle Schnittstelle der SPS angeschlossen. Dieses Programmiergerät kann ein PC sein oder ein kleineres Spezialgerät. SPS und Programmiergerät haben aufgrund ihres jeweiligen Einsatzprofiles unterschiedliche Betriebssysteme. Das Betriebssystem für eine SPS ist ein Realzeitsystem, welches für die Abläufe in einer SPS optimiert wurde, während auf den Programmiergeräten Betriebssysteme für Softwareentwicklung wie z.B. MS-DOS oder UNIX laufen.

Bei der Programmierung wird zunehmend eine Modularisierung mit parametrierbaren Unterprogrammen angewandt, um Steuerungsprogramme wiederholt verwenden zu können.

Über eine Eingabe-/Ausgabe-Schnittstelle wird der Peripheriebus angeschlossen, welcher das Rechnerteil mit den E/A-Modulen verbindet. Ein Modul kann sowohl Eingänge wie auch Ausgänge für binäre Signale enthalten. Die logischen Werte an den Ein- und Ausgängen sind dann 0 oder 1.

Bei kompakter Bauweise für kleine Steuerungsaufgaben befinden sich Rechnerteil und E/A-Module in einem Gehäuse. Typische Größen für solche Geräte sind rechts angegeben. Für größere Steuerungsaufgaben sind Rechnerteil und E/A-Module getrennte Einheiten, welche auf den Peripheriebus gesteckt werden. Hier können mehrere 100 Ein- und Ausgänge bearbeitet werden.

```
30 digitale Eingänge
20 digitale Ausgänge
1000 Anweisungen
128 Merker
16 Timer
16 Zähler
```

Wird das Anwendungsprogramm gestartet, so läuft es ständig zyklisch ab. Zu Beginn eines Zyklus werden die Werte der Eingänge in das Prozeßabbild übernommen, am Ende des Zyklus stehen die Werte für die Ausgänge im Prozeßabbild und werden automatisch an die Ausgänge übergeben. Zwischenwerte können in Merkern gespeichert werden. Die Zykluszeit hängt von der Anzahl der Anweisungen ab.

Die Programmierung ist auf die Arbeitsweise von Werkstätten ausgerichtet. Ähnlich wie die VPS nach einem Stromlaufplan erstellt wurde, kann ein Stromlaufplan als Programmentwurf für die Programmierung einer SPS dienen. Zur Erläuterung sollen zwei Beispiele folgen.

■ **Beispiel 2.1:**

Ein Lüftermotor werde bei Drücken einer EIN-Taste über ein Schütz A1 eingeschaltet und laufe weiter, wenn die Taste losgelassen wird, bis eine AUS-Taste gedrückt wird.

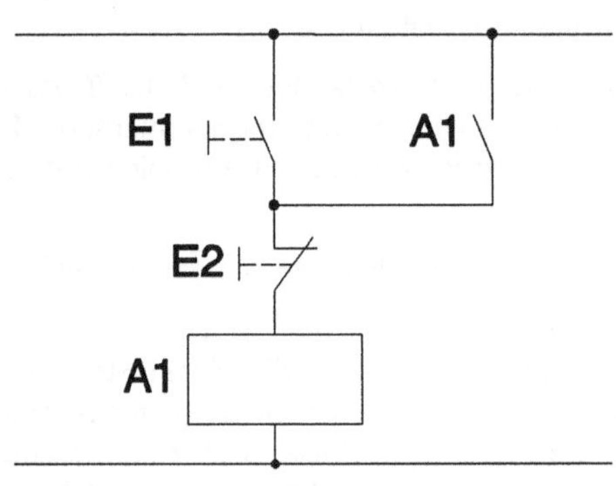

Bild 2-3: Stromlaufplan

Den Stromlaufplan für diese sogenannte Selbsthalteschaltung sehen wir in Bild 2-3, er gibt den spannungslosen Zustand wieder. Wird der Strompfad durch Drücken der EIN-Taste E1 geschlossen, so wird über den Ausgang A1 der Lüftermotor eingeschaltet. Gleichzeitig schließt sich der Strompfad parallel zu E1, so daß der Motor läuft, auch wenn die EIN-Taste E1 losgelassen wird. Erst durch das Betätigen der AUS-Taste E2 wird der Strompfad unterbrochen und der Motor ausgeschaltet.

■

Eine Parallelschaltung entspricht im Bild 2-3 einer Oder-Verknüpfung und eine Reihenschaltung entspricht einer Und-Verknüpfung. Zur verbalen Beschreibung von Verknüpfungen im Stromlaufplan muß zunächst der Zustand des ersten Eingangs geladen werden und etwas formaler lautet die Beschreibung von Beispiel 2.1 nun

```
Lade ob EIN-Taste E1 gedrückt
Oder Ausgang A1 gesetzt
Und Nicht AUS-Taste E2 gedrückt
= Ausgang A1 gesetzt
Programm Ende.
```

Abgekürzt erhalten wir die Anweisungsliste AWL:

```
L   E1
O   A1
UN  E2
=   A1
PE
```

mit den nach DIN 19239 genormten Operationen

```
L   Laden          ON  Oder Nicht
U   Und            =   Zuweisung
UN  Und Nicht      PE  Programm Ende
O   Oder
```

und den genormten Operanden-Bezeichnungen

```
E   Eingang            Z Zähler
A   Ausgang            M Merker
T   Timer.
```

■ **Beispiel 2.2:**

Das Beispiel 2.1 soll nun verändert werden. Der Eingang E1 werde durch einen Temperaturfühler geschaltet. Startet der Lüftermotor über ein Schütz A1, so soll der Temperaturfühler erst nach 2 Minuten wieder abgefragt werden.

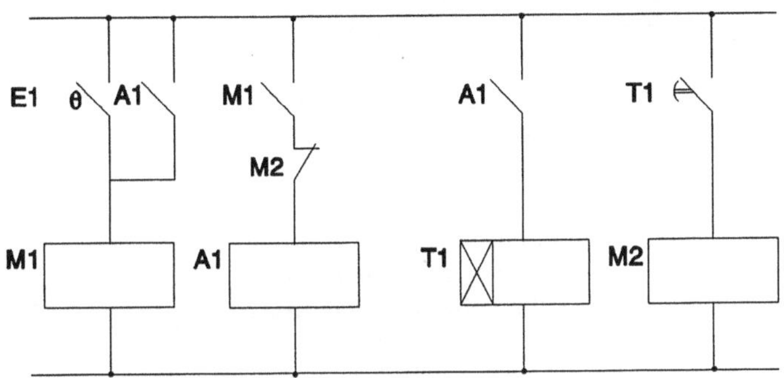

Bild 2-4: Stromlaufplan

Hierzu führen wir ein Zeitglied (Timer) T1 ein. Ist nach Ablauf dieses Timers eine vorgegebene Temperatur noch nicht überschritten, so soll der Lüfter weiter laufen, andernfalls wird der Lüftermotor gestoppt . Im Stromlaufplan Bild 2-4 erscheinen die weiteren Elemente M1 und M2 als Merker. Der Ausgang A1 steuert ein Schaltschütz, während ein Merker die Funktion eines Hilfsschützes hat.

Aus dem Stromlaufplan kann man von links nach rechts die Anweisungsliste AWL entwickeln:

```
L   E1              U   A1
O   A1              =   T1
=   M1              U   T1
U   M1              =   M2
UN  M2              PE
=   A1
```

■

Übliche Bezeichnungen für Schalter in Stromlaufplänen sind S1, S2, ... und Schütze werden vielfach mit K1, K2, ... bezeichnet. Es wurde in den Bildern 2-3 und 2-4 jedoch gleich eine an die AWL angepaßte Bezeichnung gewählt.

Mit der AWL für speicherprogrammierte Steuerungen haben wir bereits eine einfache Sprache zur Programmierung von Automatisierungsgeräten kennen gelernt. Es gibt hier einen engen Bezug zur Roboterprogrammierung, denn einige Hersteller haben Robotersteuerungen als SPS realisiert.

Es sei noch erwähnt, daß es neben der AWL nach DIN 19239 auch die äquivalenten graphischen Möglichkeiten Funktionsplan und Kontaktplan zur Programmdarstellung und zur Programmierung für die SPS gibt, die in der Praxis angewandt werden.

2.1.3 CNC: Computerized Numerical Control

CNC-Anlagen werden zur Steuerung von Werkzeugmaschinen eingesetzt. Hardware und Programmierung sind auf die Einsatzumgebung abgestimmt. Die Informationen zur Herstellung eines Werkstücks werden für numerische Steuerungen angegeben als

- geometrische Beschreibung des Fertigungsvorgangs,
  (Bahnkurve des Werkzeugs)
- technologische Beschreibung des Fertigungsvorgangs.
  (z.B. Vorschubgeschwindigkeit oder Spindeldrehzahl)

Bei der Steuerung gibt es drei Hauptelemente:

- die Punktsteuerung, z.B. für Bohrungen,
- die achsparallele Streckensteuerung, z.B. für Fräsen,
- die Bahnsteuerung mit den Bahnen Strecke und Kreis, z.B.
  für Brennschneidmaschinen.

Bei der Bahnsteuerung des Werkzeugs gegenüber dem Werkstück sind in der Praxis die Linear- und Zirkularinterpolation ausreichend.

In DIN 66025 ist eine Sprache zur Programmierung von CNC-Werkzeugmaschinen vorgegeben. Ein Programm besteht aus Sätzen und jeder Satz hat eine Nummer. Die Informationen innerhalb eines Satzes werden in Klassen unterteilt. Ein Buchstabe kennzeichnet die Klasse und eine Zahl die Funktion innerhalb der Klasse. So bedeuten z.B.

N Satznummer
G Wegbedingung
X Bewegung parallel zur X-Achse
Z Bewegung parallel zur Z-Achse

und eine Programmzeile könnte lauten:

```
N70 G00 X20 Z12.
```

Dies bedeutet, daß das Werkzeug im Eilgang (G00) zum Punkt mit den Koordinaten X = 20, Z = 12 verfahren wird.

Für die CNC-Programmierung gibt es weitere Sprachen, welche das Ziel haben, die Programmierung zu vereinfachen und geometrische Berechnungen dem Steuerungsrechner zu übertragen. Hierbei soll die Programmierung anwendungsorientiert und ohne Rückgriff auf höhere Sprachen wie Pascal, 'C' oder Fortran möglich sein.

Die Sprache APT (Automatically Programmed Tools) stammt vom MIT (Massachusets Institut of Technology) und wurde 1961 veröffentlicht. Auf der Basis von APT wurde später die Norm DIN 66246 entwickelt. Seit 1966 ist die Sprache EXAPT (Extended Subset of APT) [ST4] verfügbar. Sie wurde auf der Basis von APT an der TH Aachen und den Universitäten Berlin und Stuttgart entwickelt. Von der Firma NC-Software wurde in Frankfurt ein MINIAPT definiert [HO1]. Zur Illustration soll folgendes Beispiel dienen.

■ **Beispiel 2.3:**

In MINIAPT wird als Teil eines Programms die geometrische Beschreibung des Werkstücks aus Bild 2-5 formuliert:

Links stehen hierbei Variablen, welche jetzt im weiteren Programm verwendet werden können.

P1 = POINT/500,-40
L1 = LINE/XAXIS,0
L2 = LINE/YAXIS,500
C1 = CIRCLE/500,170,70
L3 = LINE/XAXIS,170
L4 = LINE/40,170,0,130
L5 = LINE/YAXIS,0
L6 = LINE/0,40,60,0

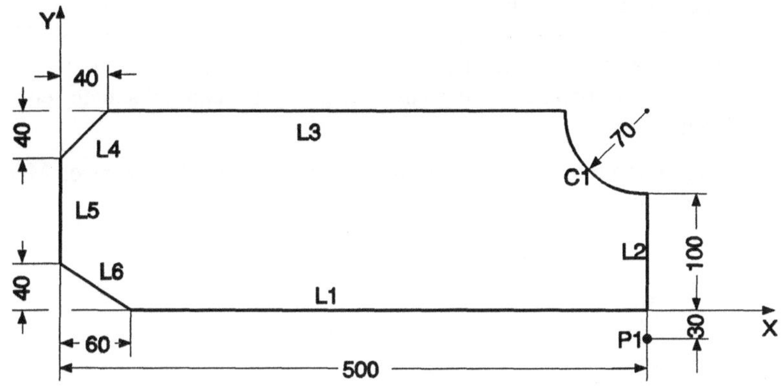

Bild 2-5: Werkstück

Die Bearbeitung des Werkstücks mit einer Brennschneidmaschine würde dann beschrieben werden durch:

```
RAPID                $$ Eilgang
GOTO/P1              $$ Positionierung auf P1
GO/TO,L1            $$ Anstellbewegung vor L1
FEDRAT              $$ Feedrate, Vorschubgeschwindigkeit
CUTCOM/RIGHT        $$ Schnittfuge rechts,Werkzeugkor-
                     $$ rektur

AIR/ON              $$ Sauerstoff ein
GOFWD/L2,ON,C1      $$ Kontur abfahren
GOLFT/C1,ON,L3
GOLFT/L3,ON,L4
GOLFT/L4,ON,L5
GOLFT/L5,ON,L6
GOLFT/L6,ON,L1
```

```
GOLFT/L1,ON,L2
AIR/OFF              $$ Sauerstoff aus
CUTCOM/OFF           $$ Schnittfuge aus
FINI                 $$ Programmende
```

∎

2.1.4 Roboterprogrammierung

Zu einem Roboter gehören die Energieversorgung, ein Steuerungsrechner, ein Terminal und/oder ein Bediengerät und eventuell ein Netzwerkanschluß. Für große Roboter sind Steuerungsrechner und Energieversorgung in Schränken untergebracht, so daß am Arbeitsplatz eines Roboters die Geräte aus Bild 2-6 zu sehen sind.

Der Rechnerteil basiert oft auf Universalrechnern wie Industriestandard-kompatiblen Rechnern oder z.B. auf Prozeßrechnern der PDP 11-Serie. Je nach geforderter Leistungsfähigkeit des Roboters werden weitere CPU-Platinen z.B. auf Basis der Motorola 680X0- oder der Intel 80X86-Prozessoren oder auf Basis von Risc-Prozessoren hinzugefügt. Auch reine Spezialrechner für die Robotersteuerung basieren heute auf den bekannten leistungsstarken Mikroprozessoren.

Bei der Roboterprogrammierung unterscheidet man im wesentlichen zwei Methoden: die Online-Programmierung und die Offline-Programmierung.

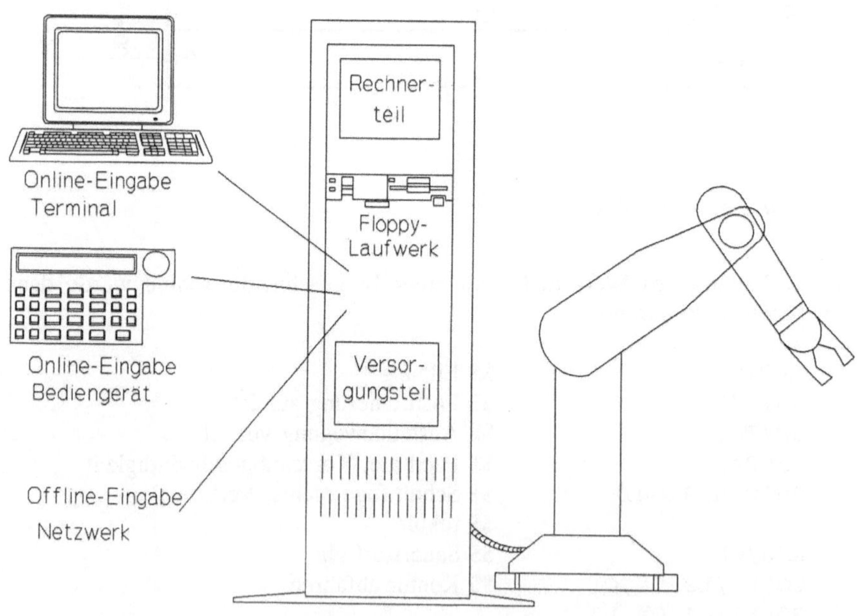

Bild 2-6: Roboter mit Steuerung

Online-Programmierung

Diese Art der Programmierung findet direkt am Roboter statt. In den Bereich der Online-Programmierung gehören die Teachin-Methoden. Das Werkzeug wird am Roboter zu den Bearbeitungspunkten geführt, die Koordinaten des Punktes werden im Steuerungsrechner abgespeichert und anschließend kann der Roboter die Punkte selbständig abfahren. Es seien mehrere Möglichkeiten der Führung genannt:

a) Über ein handliches Bediengerät wird ein Roboter per Knopfdruck und/oder Joystick an die Bearbeitungspunkte geführt.

b) Die Führung des Roboters erfolgt über eine Tastatur mit Standard-Sichtgerät.

c) Der Roboter wird manuell geführt.

Bei den Methoden der Online-Programmierung wird der Roboter selbst zur Einstudierung des Programms und zur Änderung des Programms benötigt und muß seine Tätigkeit, z.B. das Schweißen von Karosserieteilen, unterbrechen.

Eine weitere Methode ist die Master-Slave-Methode: Der Roboter agiert als Slave und ein zweiter kleinerer Arm wird als Master parallel geschaltet. Der Programmierer bewegt nun den Master-Arm und steuert hierüber den Slave-Arm. Damit können zum Beispiel Manipulationen in einem abgeschlossenen Arbeitsraum mit gesundheitsgefährdenden Bedingungen von außen gesteuert werden.

Offline-Programmierung

Das Ablaufprogramm wird auf einem externen Rechner z.B. einem Personal Computer mit einer anwendungsorientierten Roboterprogrammiersprache generiert. Anschließend wird das Programm mittels Floppy auf den Steuerungsrechner kopiert oder per Netzwerk an den Steuerungsrechner übertragen.

Bei dieser Methode wird der Roboter für den größten Teil der Programmierung nicht benötigt. Lediglich die Feinjustierung und die Programmierung kritischer Operationen muß mit dem Roboter am Arbeitsplatz erfolgen. Je nach Anwendung liegt dieser Aufwand bei ungefähr 30 % des gesamten Programmieraufwandes. In der übrigen Zeit steht der Roboter nun weiterhin für den Produktionseinsatz zur Verfügung.

Graphische Programmiersysteme simulieren auf einem Bildschirm Roboter, Werkzeug und Werkstück, die über Tastatur, Maus und ähnliche Eingabegeräte bewegt werden können. Hiermit wird eine Online-Programmierung simuliert und das Programmiersystem übersetzt den Simulationsablauf hinterher in ein Roboterprogramm. Dies ist eine äußerst komfortable Programmierumgebung, insbesondere, wenn die Daten für die Werkstückkonturen, z.B. Karosserieteile eines Autos, über ein Netzwerk aus der Konstruktionsabteilung übernommen werden können. Solche Systeme kosten allerdings um 0.5 Millionen DM und mehr oder eine entsprechend hohe Jahresmiete. In vielen Bereichen ist diese erforderliche Investition für graphische Programmiersysteme zu hoch, so daß dort die Offline-Programmierung mit einer Roboterprogrammiersprache (textuelle Programmierung) in den nächsten Jahren der Stand der Technik sein wird.

Es gibt inzwischen eine ganze Reihe von Roboterprogrammiersprachen, die zum Teil auf Hochsprachen wie Pascal oder PL/1 basieren. Einige seien in Tabelle 2.1 genannt.

Tabelle 2.1: Roboterprogrammiersprachen

Sprache	von	Bemerkung
AML	IBM	A Manufacturing Language, basiert auf PL/1
SRCL	Siemens	Siemens Robot Control Language, Robotersteuerungen u.a. für KUKA und Manutec
VAL II	Stäubli/ Unimation	Variable Assembly Language, mit Elementen der strukturierten Programmierung
KAREL	GMFanuc	Orientiert an Pascal und PL/1
BAPS	Bosch	Bewegungs- und ablauforientierte Programmiersprache
ROBEX	TH Aachen	Robot EXAPT, eine roboterspezifische Weiterentwicklung von EXAPT
SIGLA	Olivetti	Sigma Language für Sigma-Roboter
ARLA	ABB	Asea Robot Language

Zu dieser Klasse von Sprachen gehören auch die ROBOT-Tools der 2i Industrial Informatics. Das Konzept von ROBOT-Tools ist in Bild 2-7 dargestellt.

<table>
<tr><td colspan="2" align="center">ROBOT - Tools</td></tr>
<tr><td>Standard Pascal</td><td rowspan="2">Rechner-
und
Roboterunabhängig</td></tr>
<tr><td>Geometrie-Prozeduren,
Bewegungsbeschreibung</td></tr>
<tr><td>Koordinatentransformation
Roboterregelung</td><td>Rechner-/
Roboterspezifisch</td></tr>
</table>

Bild 2-7: Gliederung von ROBOT-Tools

Zu der Sprache Pascal wird eine Library von Prozeduren zur Robotersteuerung hinzugefügt. Damit kann man alle Vorteile der Sprache Pascal nutzen. So können zum Beispiel im Rahmen der Möglichkeiten des verwendeten Pascalcompilers eine Netzwerksoftware und Pakete für eine graphische Bedienoberfläche eingebunden werden. Die Prozeduren gliedern sich in zwei Teile:

1. Die geometrische Beschreibung der Roboterbewegung.
2. Die hardwareabhängige Regelung des Roboters.

Die meisten in der Praxis eingesetzten Sprachen stammen von Roboterherstellern oder von Herstellern für Steuerungen und sind oft auf bestimmte Roboterfamilien zugeschnitten. Das

Konzept von ROBOT-Tools läßt eine Implementierung der Ansteuerung unterschiedlicher Roboter zu. Pascal und die geometrischen Beschreibungen sind roboterunabhängig, und nur der zweite Teil der Prozeduren ist an den jeweiligen Roboter anzupassen.

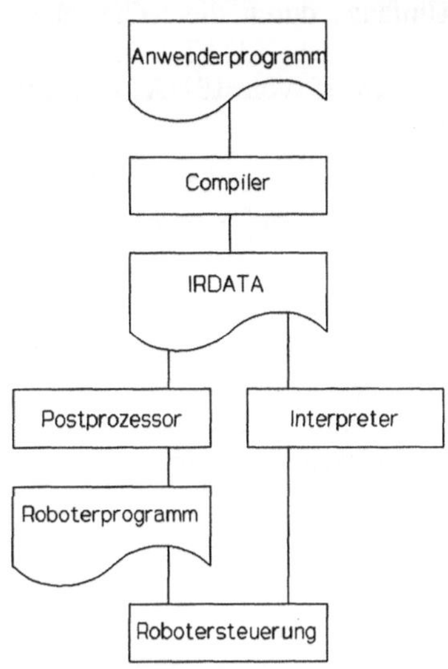

Bild 2-8: IRDATA in der Roboterprogrammierung

Der 2. Teil könnte auch die genormte Zwischensprache IRDATA (VDI 2863) erzeugen. Bevor wir in den späteren Abschnitten näher auf RO-BOT-Tools eingehen, sollen hier noch einige Erläuterungen zu IRDATA folgen. IRDATA steht für Industrial Robot Data.

Das Konzept einer normierten Zwischensprache ist mit CLDATA (DIN 66215) bereits von der CNC-Programmierung her bekannt. Dort kann aus EXAPT oder MINIAPT CLDATA-Code erzeugt werden, welcher dann von der Werkzeugmaschine interpretiert wird.

Die Plazierung von IRDATA in der Roboterprogrammierung findet man in Bild 2-8. Der von einem Compiler generierte IRDATA-Code wird von einem Postprozessor bearbeitet und es wird ein roboterspezifisches Programm erstellt oder im rechten Zweig wird der IRDATA-Code direkt durch einen Interpreter in die Steuerung des Roboters umgesetzt.

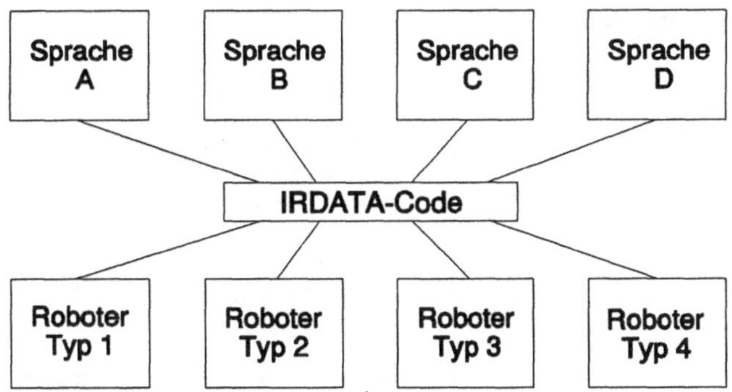

Bild 2-9: Flexibilität durch IRDATA

Prinzipiell ist es mit einer normierten Zwischensprache möglich, unterschiedliche Sprachen auf einen Roboter abzubilden wie auch mit einer Sprache unterschiedliche Roboter zu programmieren (Bild 2-9). Allerdings ist die Generierung von IRDATA-Code bislang noch nicht für alle Sprachen realisiert worden.

Die Standardisierung durch IRDATA wird in der Industrie angewandt [RO2], dabei sind in der Praxis aber gewisse Einschränkungen des IRDATA-Umfangs durch die technischen Gegebenheiten der Roboter zu berücksichtigen. Andererseits bietet IRDATA auch die Möglichkeit, roboterspezifische Erweiterungen, die beim Entwurf von IRDATA nicht bedacht werden konnten, in die Zwischensprache aufzunehmen.

IRDATA-Anweisungen sind weitgehend numerisch codierte Sätze, welche an einigen Positionen auch Zeichenketten zulassen. Als Zwischensprache ist IRDATA nicht für eine direkte Erstellung von Programmen konzipiert worden.

Jeder Satz besteht aus einer Folge von Wörtern W_i, i = 1,2,..., die durch Kommata getrennt werden. Die Folge wird durch ein Semikolon abgeschlossen. W_1 ist die Satzfolgenummer, sie dient zur Numerierung der Sätze. W_2 ist das Hauptwort und bezeichnet den Satztyp und die Codezahl. Der Satztyp kennzeichnet eine Klasse thematisch zusammenhängender Anweisungen. Innerhalb einer Klasse ist eine Anweisung durch die Codezahl bestimmt, z.B.

```
Satztyp          5000
Codezahl           22
W2               5022.
```

W_3-W_n sind ergänzende Nebenteile für das Hauptwort.

Die in der IRDATA-Norm vorgegebenen Satztypen sind die von 1000 bis 24000. Die Satztypen 25000 bis 27000 sind für spätere Erweiterungen reserviert und die Satztypen 28000 bis 32000 sind für anwendungsspezifische Erweiterungen frei. Beispiel 2.4 zeigt eine kurze Folge von IRDATA-Sätzen.

■ **Beispiel 2.4:**

Eine Folge von IRDATA-Sätzen, welche die nächste anzunehmende Position und Orientierung eines Robotergreifers definieren und eine Bahnsteuerung zu dieser Position und Orientierung veranlassen:

```
001,22100,2,8,1,'DEMO';          Programmbeginn
002,22200,0,0;                   Blockbeginn
003,22001,'FRAME',16;            Symboldeklaration
004,21400,16,16,'FRAME';         Generierung von
        132,1,50.0,              Positionskoordinaten
        132,1,100.0,             ...
        132,1,60.0,              und
        132,1,90.0,              Orientierungswinkel
        132,1,0.0,               ...
        132,1,10.0;              ...
005,5000,8,16,16,'FRAME';        Bahnsteuerung  zu FRAME
006,22190;                       Programmstop
007,22210;                       Blockende
008,22150;                       Programmende
```

2.2 Robotertypen

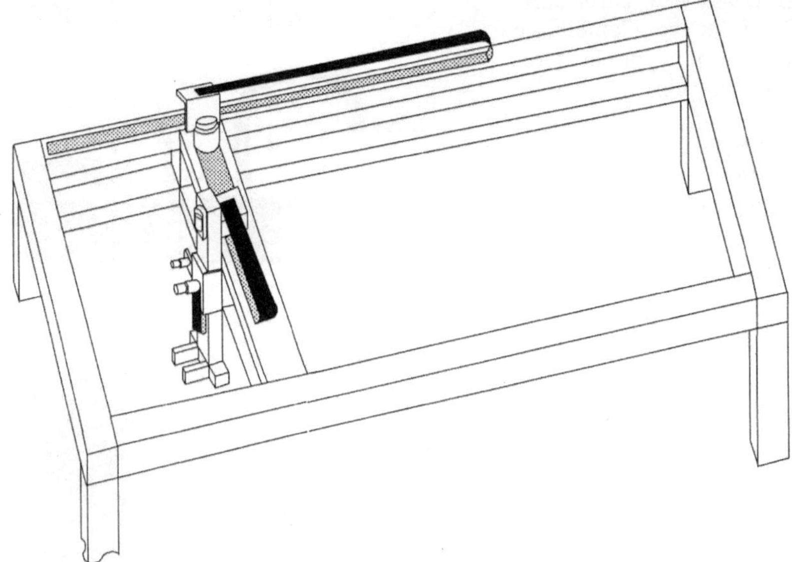

Bild 2-10: Portalroboter

In diesem Abschnitt werden drei Bauprinzipien von Robotern skizziert, wie sie häufig in der Industrie verwendet werden.

Bild 2-10 zeigt einen Portalroboter. Diese Bauweise wird auch als Gantry-Konzept bezeichnet. Anwendungsbereiche für diesen Robotertyp sind z.B. Palettieren oder Beschicken von Werkzeugmaschinen.

Die Traglast kann von wenigen Kg bis über 200 Kg betragen, womit beispielsweise Motorblöcke bewegt werden können. Die Abstände der Stützen können mehrere Meter betragen, die Höhe etwa 3 Meter. Bei der Angabe der Positioniergenauigkeit ist hier wie auch bei anderen Robotertypen die Lastwechselverformung zu berücksichtigen. Diese kann bei einem Stützenabstand von 4,50 Metern und einer Last von 25 Kg in der Größenordnung 1 mm liegen, wobei 1 mm ein sehr guter Wert wäre. Die Wiederholgenauigkeit wird von den Herstellern mit weniger als 1 mm Abweichung angegeben.

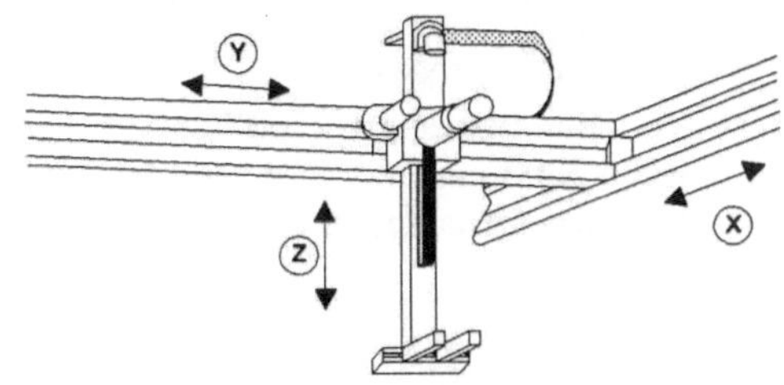

Bild 2-11: Greiferposition eines Portalroboters

Der Arbeitsbereich dieses Robotertyps ist quaderförmig und die Position des Greifers ist über (x,y,z)-Koordinaten einfach anzugeben.

Bild 2-12 zeigt die Skizze eines Hori-
zontal-Knickarmroboters. Dieser Typ
wird auch als Scara-Typ bezeichnet;
Scara steht für Selective Compliance
Assembly Robot Arm. Typische Größenordnungen können sein:

> Traglast 10 Kg,
> Reichweite 800 mm,
> Hubhöhe 250 mm,
> Höhe 1000 mm,
> Wiederholgenauigkeit in der Grö-
> ßenordnung 0,1 mm Abweichung
> oder weniger.

Einsatzgebiete sind z.B. die mechanische
Montage in der Elektro- und Automobilindustrie.

Der Arbeitsbereich ist als Draufsicht in
Bild 2-13 wiedergegeben. Die (x,y)-
Position des Greifers wird in diesem
Fall durch die Winkel in den Drehgelen-
ken bestimmt, die z-Koordinate entspr-
icht der Hubhöhe.

Für Arbeitsbereiche wie Be- und Entladen von Maschinen oder Palettierung
werden auch Roboter vom Scara-Typ
gebaut mit einer Tragfähigkeit von 50

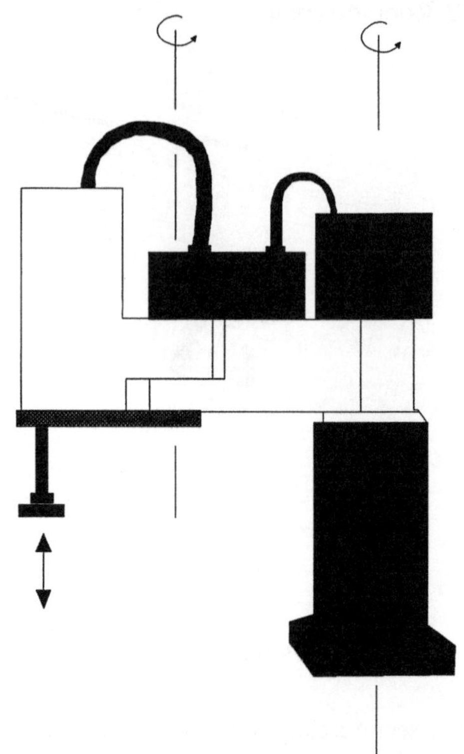

Bild 2-12: Scara-Roboter

Kg, einer Hubhöhe von 1850 mm und einer Reichweite von 2000 mm.

Ein dritter Robotertyp ist als Vertikal-Knickarmroboter in Bild 2-14 zu sehen. Die Roboter-
größen variieren je nach Anwendungsbereich. Typische Größenordnungen für schwere
Traglasten können sein:

> Traglast bis 150 Kg,
> Reichweite 2400 mm,
> Vertikale Bewegung 2700 mm,
> Höhe 2200 mm,
> Wiederholgenauigkeit in der Größenordnung 0,5 mm.

Roboter dieses Typs werden beim Punktschweißen von Automobilkarosserien sowie beim
Teiletransport oder Wasserstrahlschneiden eingesetzt. Der Arbeitsbereich ist als Seitenansicht
und als Draufsicht in Bild 2-15 zu sehen. Die (x,y,z)-Position des Greifers wird durch die
Winkel in den Drehgelenken bestimmt. Die Seitenansicht wird stark durch die individuelle
Bauweise eines Vertikal-Knickarmroboters bestimmt und kann bei einigen Typen den Über-
Kopf-Bereich einschließen.

Die Lagebeschreibung des Greifers, das heißt die Beschreibung von Position und Orientierung gegenüber einem Bezugskoordinatensystem, wird schwerpunktmäßig Inhalt der weiteren Abschnitte sein.

Weitere Einsatzbereiche für diesen Robotertyp, zum Beispiel in der Automobilindustrie, sind das Karosserienahtabdichten, Kleben, Entgraten oder Lackieren. Zu diesem Zweck können die Roboter auch an der Wand oder an der Decke montiert werden und "über Kopf" arbeiten. Zur Verrichtung dieser Aufgaben sind die Roboter für Traglasten von 5 bis 10 Kg ausgelegt. Die Wiederholgenauigkeit liegt bei 0,1 mm, Reichweite

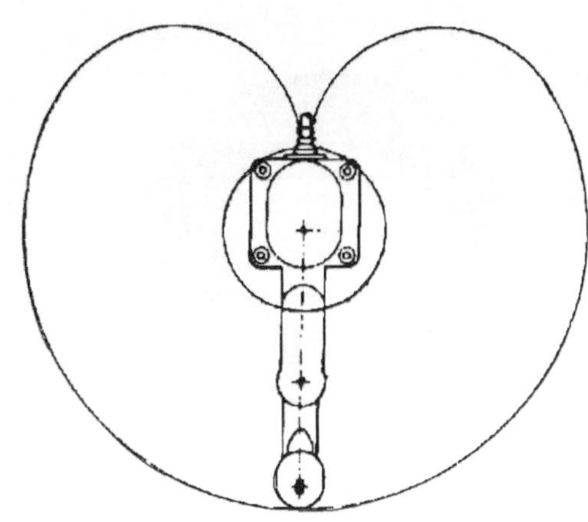

Bild 2-13: Arbeitsbereich eines Scara-Roboters

und Höhe haben eine ähnliche Größenordnung wie im vorstehend genannten Beispiel für größere Traglasten.

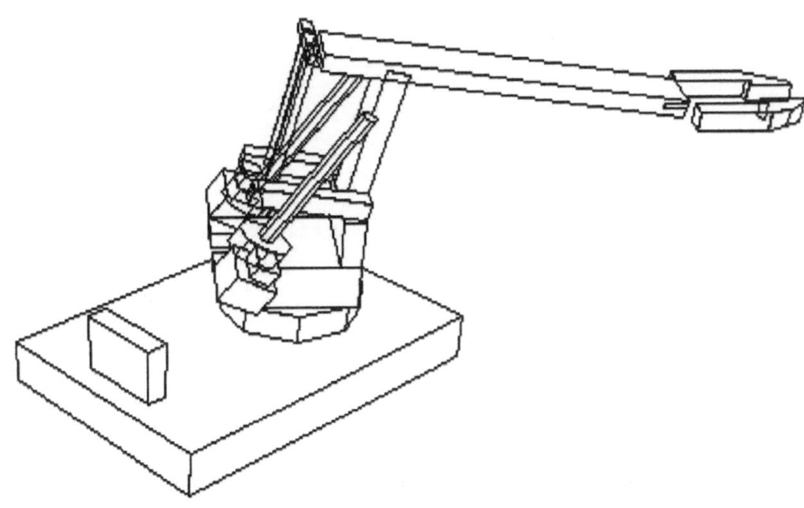

Bild 2-14: Vertikal-Knickarmroboter

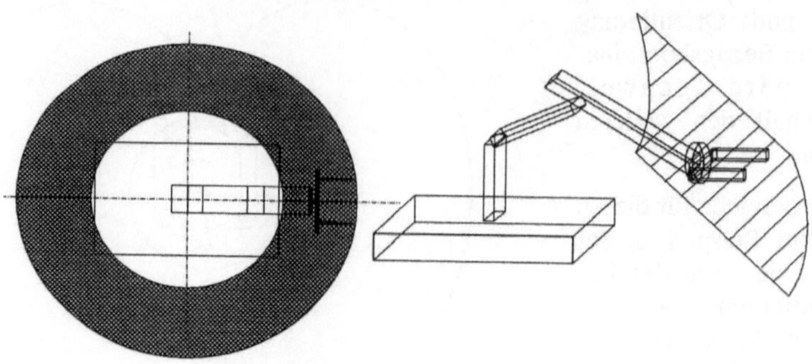

Bild 2-15: Arbeitsbereich Vertikal-Knickarmroboter

Übungsaufgaben

Ü 2.1) Wodurch unterscheidet sich ein freiprogrammierbarer Universalrechner vom Rechnerteil einer SPS?

Ü 2.2) Notieren Sie sich die wesentlichen Merkmale der Offline-Programmierung und der Online-Programmierung.

Ü 2.3) Welchem der drei Bereiche SPS, CNC oder Roboterprogrammierung ordnen Sie den normierten IRDATA-Code zu?

Welche Rolle spielt der IRDATA-Code in diesem Bereich?

Ü 2.4) Wie lauten die Bezeichnungen der drei in diesem Abschnitt 2 vorgestellten Robotertypen?

3 Konzepte zur Roboterprogrammierung mit Hochsprachen

In diesem Abschnitt werden die wichtigsten Datentypen für die Roboterprogrammierung eingeführt. Diese Datentypen finden sich auch im Abschnitt 3 des zu diesem Buch gehörenden Programms PRO-Tutor. Eine Anleitung zur Installation steht in Anhang A. Sie sollten die Abschnitte 1 und 2 des PRO-Tutors durchgesehen haben und mit der Bedienung dieses Programms ein wenig vertraut sein.

3.1 Aufgabe einer Roboterprogrammiersprache

Für die weiteren Betrachtungen denken wir uns einen Vertikal-Knickarmroboter mit einem Greifer als Werkzeug. Werkzeuge werden allgemein auch als Effektoren bezeichnet. Im Arbeitsbereich des Roboters stehe zum Beispiel eine Palette mit einem zu ergreifenden Gegenstand. Dieser Gegenstand ist auf einem Förderband abzusetzen.

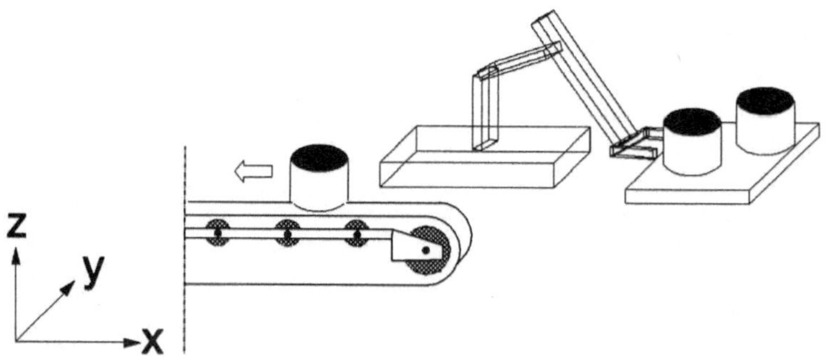

Bild 3-1: Arbeitsbereich eines Roboters

Es sind dann mehrere Hauptaufgaben zu verrichten. Zunächst ist die Position des Roboters gegenüber einem Bezugskoordinatensystem zu beschreiben. Dann sind die Punkte im dreidimensionalen Raum zu beschreiben, an denen der Greifer eingesetzt werden soll, das heißt, wo er den Gegenstand greift und wo er ihn losläßt. Zusammen mit der Position des Greifers ist seine Orientierung gegenüber dem Bezugskoordinatensystem zu beschreiben. Position und Orientierung sind als Begriffe nach den VDI-Richtlinien 2863 gewählt. Sie definieren die Lage des Greifers. Schließlich ist auch die Bahn im dreidimensionalen Raum zu beschreiben, auf welcher der Greifer sich bewegen soll.

An den Zielpunkten der Bewegung ist die Aktion des Greifers anzugeben, also Öffnen und Schließen, gegebenenfalls ist die Griffweite und die Griffstärke einzustellen.

In einer Roboterprogrammiersprache werden also die geometrischen Beschreibungsmöglichkeiten für Bewegungen im dreidimensionalen Raum benötigt, es müssen Bewegungsbefehle für den Roboter und seinen Greifer (bzw. für ein anderes Werkzeug) gegeben sein, und im Einzelfall müssen auch Sensorsignale verarbeitet werden können. Denkbar ist zum Beispiel, daß die Griffweite variabel ist und der Greifer die Zangen so lange schließt, bis ein Druckschalter in den Zangen anzeigt, daß der Gegenstand erfaßt wurde.

Bei dem Entwurf von Roboterprogrammiersprachen wurde vielfach auf existierende Programmiersprachen zurückgegriffen. Damit waren die in Pascal oder PL/1 üblichen Möglichkeiten mathematischer Berechnungen gegeben. Die auf dieser Basis entwickelten Roboterprogrammiersprachen der Hersteller von Robotern bzw. Steuerungen sind durchweg eigenständige Sprachen für mehr oder weniger große Klassen von Robotern.

Im Konzept von ROBOT-Tools kann das Roboterprogramm prinzipiell von einem beliebigen Pascal-Compiler übersetzt werden; als gängige Beispiele seien die Compiler für Microsoft-Pascal oder Turbopascal genannt. Voraussetzung ist, daß die Objekt-Library, welche die robotik-relevanten Prozeduren und Funktionen enthält, vorher mit diesem Compiler übersetzt wurde und der verwendete Pascal-Dialekt das Zubinden dieser Objekte erlaubt. Implementierungen laufen derzeit auf Rechnern der AT- oder PS/2-Klasse sowie auf PDP-11-Rechnern. ROBOT-Tools ist auch als 'C'-Version verfügbar, und das Konzept ist auf andere Sprachen wie ADA [KO1] übertragbar.

Die Library enthält

- Datentypen zur Positions- und Orientierungsbeschreibung,
- Datentypen für die Ein-/Ausgabe,
- Prozeduren und Funktionen zur Positions- und Orientierungsberechnung,
- Prozeduren zur Bewegungsbeschreibung und Bewegungskontrolle,
- Prozeduren für die Ein-/Ausgabe.

Roboterprogrammiersprachen enthalten Konzepte zur Sollwertberechnung und zur Regelung des Roboters.

Sollwertberechnung:

Vorgabe der Winkel in den Drehgelenken, welche die Ziel-Lage des Greifers definieren.
Eventuell Vorgaben für Schrittmotoren, um den Greifer aus der gegenwärtigen Lage in die Ziel-Lage zu fahren.
Geschwindigkeitsvorgaben.
Beschleunigungsvorgaben.

Regelung:

Lagekontrolle; diese wird bei Industrierobotern durch inkrementelle oder absolute Winkel- und Wegmessung oder einer Kombination von beiden vorgenommen.
Endabschalter sind eine weitere Möglichkeit zur Lagekontrolle.
Geschwindigkeitsregelung.
Beschleunigungsregelung.

Durchführung von Sollwertberechnung und Regelung sind abhängig vom Robotertyp. Insofern ist eine Roboterprogrammiersprache an den jeweiligen Roboter anzupassen. Die

Regelung sollte dem Programmierer aber verborgen bleiben. Sie wird bei Industrierobotern mit einem nichtlinearen, verkoppelten Differentialgleichungssystem beschrieben, welches zum Beispiel den Einfluß von Gravitation sowie Zentripetal- und Corioliskräften berücksichtigt.

Bei der Beschreibung der Greifer-Bewegung und der Greifer-Lage denkt ein Programmierer gewöhnlich nicht in Motorschritten oder Winkel in den Drehachsen, sondern er sieht den Greifer im dreidimensionalen Raum und denkt in kartesischen Koordinaten. Die Umrechnung in die roboterspezifischen Daten soll die Programmierumgebung übernehmen.

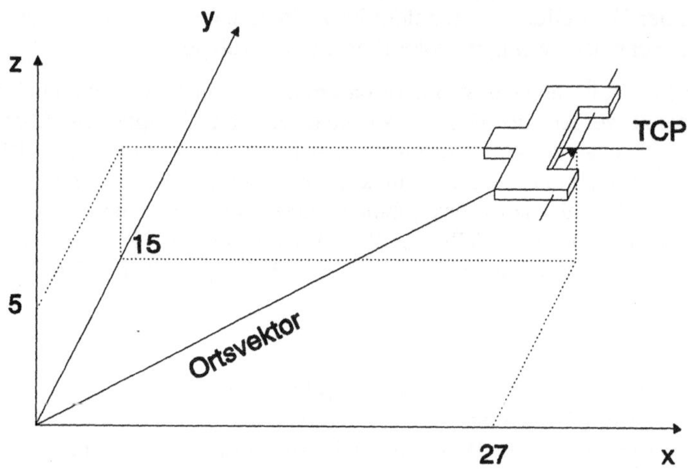

Bild 3-2: Greifer im dreidimensionalen Raum

3.2 Das Frame-Konzept

Zur Beschreibung der Position eines Werkzeuges wird ein fester Punkt am Werkzeug definiert, der Tool Center Point, abgekürzt TCP. In Bild 3-2 liegt der TCP zwischen den Zangen des Greifers. Die Position des Greifers ist damit durch den Ortsvektor des TCP gegeben.

Ein Vektor im zwei- oder dreidimensionalen Raum ist ein Objekt, welches durch seinen Betrag (die Länge) und seine Richtung definiert ist. Im $\mathbf{R}^3$ können wir jedem Vektor $\vec{v}$ seine Komponentendarstellung mit den Komponenten v_x, v_y, v_z zuordnen. Als Zeilenvektor lautet die Schreibweise

$$\vec{v} = (v_x, v_y, v_z)$$

als Spaltenvektor lautet die Schreibweise

$$\vec{v} = \begin{pmatrix} v_x \\ v_y \\ v_z \end{pmatrix}$$

Ein so beschriebener Vektor ist zunächst ungebunden und wir erhalten den Ortsvektor $\vec{v}$ indem wir den Anfang von $\vec{v}$ in den Nullpunkt legen.

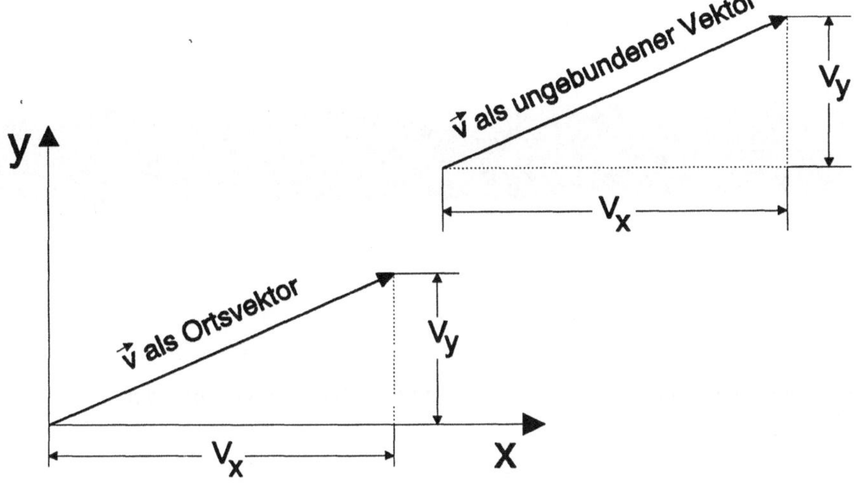

Bild 3-3: Vektoren im R^2

Die bei einem vorgegebenen Ortsvektor angenommenen Winkel in den Drehachsen des Roboters definieren die Roboterposition. Die Roboterposition ist durch eine Greiferposition nicht immer eindeutig bestimmt, wie man an der Skizze in Bild 3-4 sieht.

Analog zum Begriff Roboterposition sei der Begriff Roboterlage definiert. Die Roboterlage schließt die Orientierung des Greifers mit ein.

In Bild 3-2 wird die Position durch den Ortsvektor

$$\vec{v} = (27, 15, 5)$$

beschrieben. (Die Einheiten sind hier nicht mit angegeben)

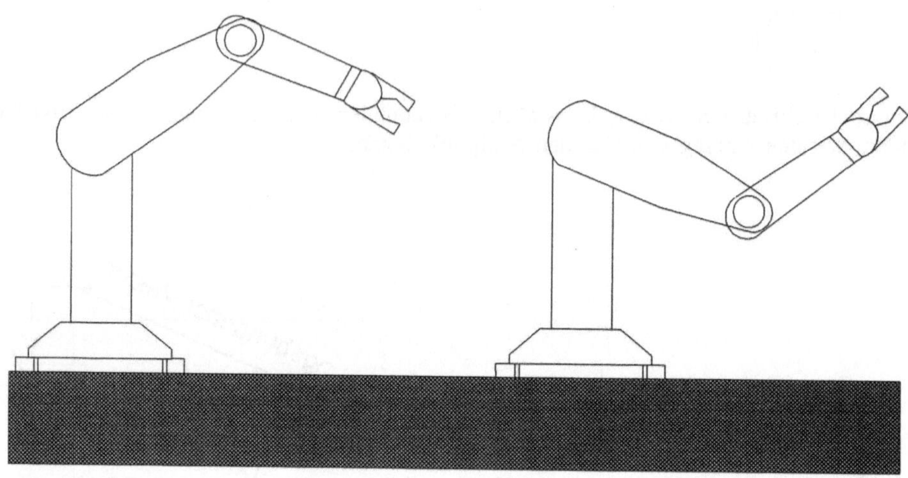

Bild 3-4: Roboterpositionen

Der dem Vektor entsprechende Datentyp in ROBOT-Tools ist gegeben durch

```
Vector = record
              x,y,z : Real
          end;
```

Im PRO-Tutor finden wir unter dem Pulldown-Menü *Anzeigen/ Vektoren* 10 Zahlenbeispiele für Vektoren des dreidimensionalen Raumes.

Mit einem Vektor läßt sich auch die Translation des Greifers beschreiben. In Bild 3-5 erfolgt aus der 1.Position eine Translation des TCP um den Vektor $\vec{t}$ in die 2. Position. Für die Vektoren gilt dann die Beziehung

$$\vec{w} = \vec{v} + \vec{t}$$

Vektoren in Komponentendarstellung werden addiert, indem die entsprechenden Komponenten miteinander addiert werden. Wir erhalten also die drei Gleichungen

$$w_x = v_x + t_x$$

$$w_y = v_y + t_y$$

$$w_z = v_z + t_z$$

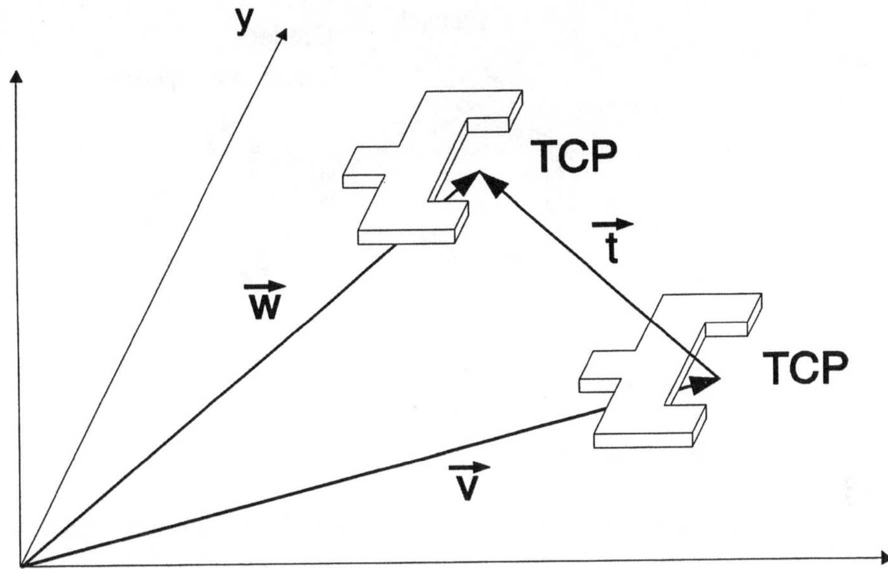

Bild 3-5: Translation des Greifers

$\vec{v}$ gibt die 1.Position des TCP relativ zum Bezugskoordinatensystem an, ebenso gibt $\vec{w}$ die 2.Position relativ zum Bezugskoordinatensystem an. $\vec{t}$ gibt die 2.Position relativ zur 1.Position an, ist also kein Ortsvektor.

■ **Beispiel 3.1:**

Hat der TCP in der 1.Position den Ortsvektor $\vec{v} = (27, 15, 5)$ und ist die Translation gegeben durch $\vec{t} = (-7, 10, 5)$, so hat der TCP in der 2. Position den Ortsvektor $\vec{w} = (20, 25, 10)$.

■

Zur Beschreibung der Orientierung des Greifers legen wir ein zweites kartesisches Koordinatensystem durch den Greifer. Dieses zweite Koordinatensystem ist fest mit dem Greifer verbunden und bewegt sich entsprechend mit dem Greifer mit. Der Nullpunkt des Greiferkoordinatensystems liegt im TCP. Es wird folgende Festlegung getroffen:

- die z-Achse zeigt in Richtung des Greifers vom Flansch weg, (am Flansch werden die Werkzeuge am Roboter befestigt)
- die y-Achse geht durch die Zangen des Greifers,
- die x-Achse vervollständigt das kartesische System nach der rechten Handregel.

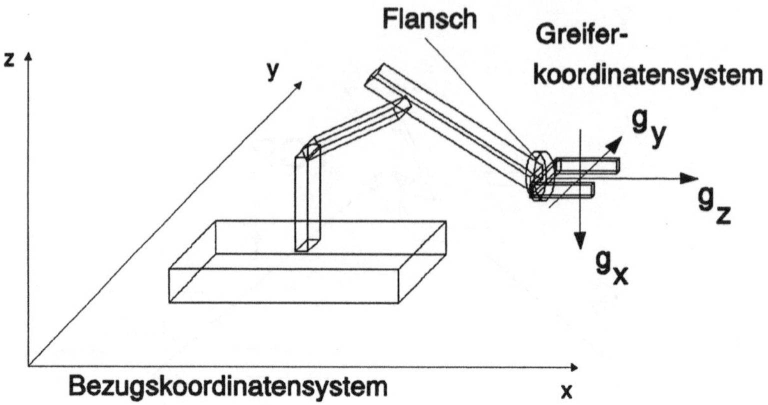

Bild 3-6: Koordinatensysteme

Die rechte Handregel besagt, daß Daumen , Zeigefinger und Mittelfinger der rechten Hand in dieser Reihenfolge die x-, y-, z-Achse des Koordinatensystems bilden. Die Finger sind im rechten Winkel zueinander zu halten.

Ist der Arbeitsbereich des Roboters so beschränkt, daß der Greifer nicht durch den Überkopf-Bereich fahren kann und nicht um die g_z-Achse (siehe Bild 3-6) drehbar ist, läßt sich noch eindeutig festlegen, daß die y-Achse in Richtung des Greifers gesehen von der rechten Zange in Richtung der linken Zange zeigt. Kann der Greifer durch den Überkopf-Bereich fahren oder ist er um die g_z-Achse drehbar, wie beispielsweise beim Robotertyp aus Bild 2-6, so genügt diese Angabe allein nicht, sie kann aber unter Bezug auf die Home-Position des Roboters gemacht werden.

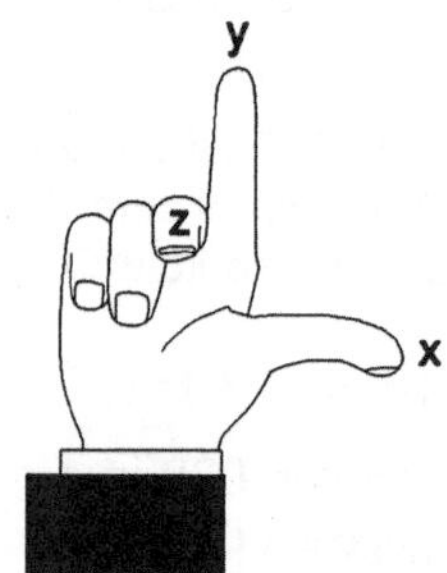

Bild 3-7: rechte Handregel

Die Home-Position ist eine für jeden Robotertyp spezifische Roboterlage, die er aus jeder anderen Lage heraus erreichen kann. In Bild 3-8 sehen wir die Home-Position unserer Modelle aus Bild 2-6 und aus Bild 2-14.

Eine andere Bezeichnung für die Home-Position ist Nullposition. Bei Robotern, welche nur über inkrementale Winkel- und Wegmessung verfügen, kann die Home-Position zur Kalibrierung dienen. Durch Ungenauigkeiten in der Messung oder durch rechnerinterne Rundungsfehler kann sich die Wiederholgenauigkeit nach längerer Betriebszeit verschlechtern. Ist die

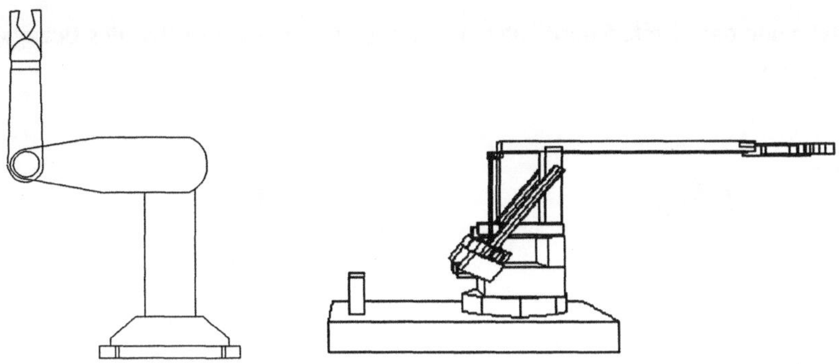

Bild 3-8: Home-Position

Home-Position des Roboters dann über Endabschalter definiert, so können an dieser Stelle die Variablenwerte, welche die Winkel in den Drehgelenken darstellen, auf einen vordefinierten Wert gesetzt werden. Dieser ist oft 0, das hängt aber im Einzelfall davon ab, wie die Winkel an den Drehachsen des Roboters definiert sind.

Die Anzahl der möglichen unabhängigen Bewegungen eines Objektes durch Translation und Rotation bezeichnet man als Freiheitsgrad. Ein im Raum frei bewegliches Objekt hat also den Freiheitsgrad 6. Ein Roboter, welcher den Freiheitsgrad n hat, benötigt dabei mindestens n Bewegungsachsen. Ist ein Greifer um die Achsen g_x, g_y, g_z frei drehbar, so können damit drei Freiheitsgrade realisiert werden. Die realen mechanischen Drehachsen werden ihren Schnittpunkt dabei nicht im TCP haben. Dies soll jedoch im Rahmen der Einführung vernachlässigt werden.

Bild 3-9: Positiver Drehsinn

Für die Beschreibung der Drehungen muß die positive und negative Drehrichtung festgelegt werden. Dies geschieht wieder mit einer rechten Handregel. Wenn der Daumen der rechten Hand in Richtung der Drehachse zeigt, so zeigen die anderen gekrümmten Finger der Hand in Richtung des positiven Drehsinns.

■ **Beispiel 3.2:**

Hier soll die Orientierung des Greiferkoordinatensystems aus Bild 3-6 gegenüber dem Bezugskoordinatensystem beschrieben werden. Dazu denke man sich den Ursprung des Greiferkoordinatensystems in den Ursprung des Bezugskoordinatensystems verlegt.

In der Ausgangslage sollen die x-, y- und z-Achsen der beiden Systeme in dieselbe Richtung zeigen.

Man drehe nun das Greiferkoordinatensystem mit 90° um die y-Achse des Bezugskoordinatensystems.

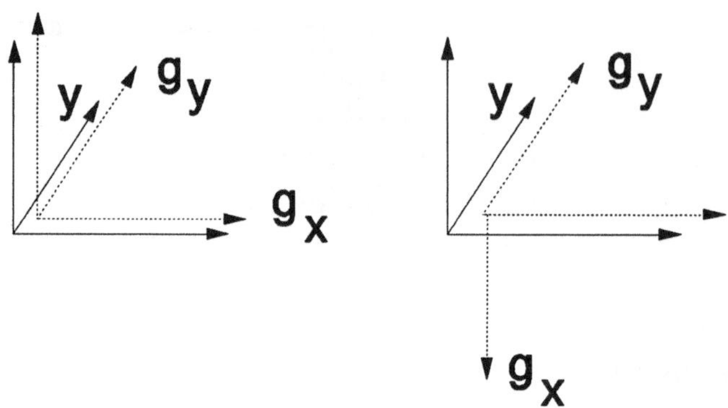

Führen wir dann eine Translation des Ursprungs des Greiferkoordinatensystems in den TCP durch, so erhalten wir die Orientierung aus Bild 3-6.

Da anfänglich die beiden Koordinatensysteme deckungsgleich sind, können wir die Orientierung in diesem Beispiel auch durch eine 90°-Drehung um die Achse g_y des Greiferkoordinatensystems beschreiben.   ∎

Die räumliche Vorstellung der Lage zweier Koordinatensysteme zueinander kann man dadurch fördern, daß man sich zwei Koordinatensysteme bastelt. Dies kann man im einfachsten Fall mit Strohhalmen und Knetmasse machen, das etwas stabilere Modell kann aus einem kleinen Metallblock und Metallstangen zusammengesetzt werden. Mit diesen Modellen kann die Rotation aus Beispiel 3.2 unmittelbar nachvollzogen werden.

Eine Drehung im $\mathbf{R}^3$ ist bestimmt durch eine Drehachse und durch einen Drehwinkel. Für die Roboterprogrammierung nehmen wir an, daß die Drehachse durch den Ursprung eines Koordinatensystems verläuft; wir können sie durch einen Ortsvektor $\vec{d}$ darstellen. (Bild 3-10)

Die Drehachse im Beispiel 3.2 war die y-Achse des Bezugskoordinatensystems. Gedreht wurden die Basisvektoren $\vec{g}_x$, $\vec{g}_z$ des Greiferkoordinatensystems, wobei $\vec{g}_y$ bei dieser Drehung invariant bleibt.

Eine Drehung im $\mathbf{R}^3$ kann auch dargestellt werden durch eine 3 x 3 - Rotationsmatrix

$$\begin{pmatrix} a_{11} & a_{12} & a_{13} \\ a_{21} & a_{22} & a_{23} \\ a_{31} & a_{32} & a_{33} \end{pmatrix}$$

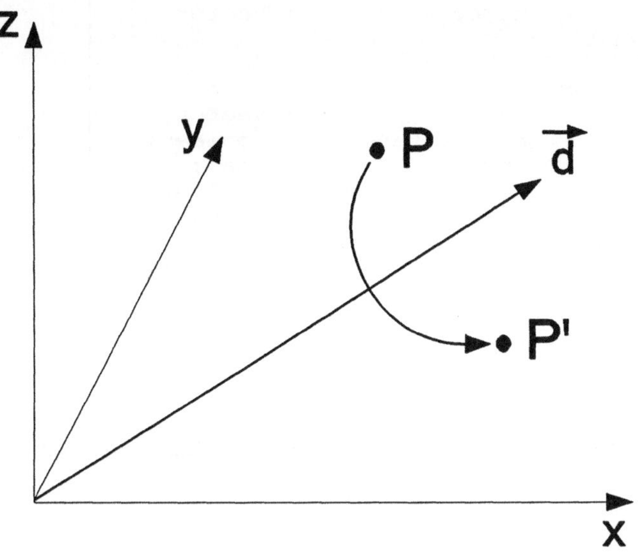

Bild 3-10: 180°-Drehung des Punktes P

Allgemein enthält eine m x n - Matrix m Zeilen und n Spalten von Zahlen. Hat die Matrix gleiche Anzahl von Zeilen und Spalten, haben wir also eine n x n - Matrix, so wird diese Matrix auch als n-reihige quadratische Matrix bezeichnet. Die Zahlen einer Zeile können zu einem Zeilenvektor zusammengefaßt werden:

$$\vec{z}_2 = (a_{21}, \ a_{22}, \ a_{23})$$

entsprechend werden Spalten einer Matrix zu einem Spaltenvektor zusammengefaßt:

$$\vec{s}_3 = \begin{pmatrix} a_{13} \\ a_{23} \\ a_{33} \end{pmatrix}$$

Die reellen Zahlen a_{ij} einer Rotationsmatrix werden aus dem Drehachsenvektor und dem Drehwinkel bestimmt. In Abschnitt 4 erfolgt eine Einführung in die Berechnung dieser a_{ij}. An dieser Stelle merken wir uns den Zusammenhang

$$\begin{matrix} \text{Drehachse} \\ \text{Drehwinkel} \end{matrix} \quad <---> \quad \text{Rotationsmatrix}$$

Die Datentypen für die Rotation sind in ROBOT-Tools gegeben durch:

```
RotMatrix = record
                    t, o, a            : Vector
            end;

Rotation =  record
                        Axis           : Vector;
                        Axis_Updated   : Boolean;
                        Angle          : Real;
                        Angle_Updated  : Boolean;
                        Matrix         : RotMatrix
                end;
```

Anmerkung: Das Zeichen '_' in den Namen Axis_Updated und Angle_Updated ist nicht Bestandteil der Namen in Standard-Pascal, jedoch ist dies Zeichen in vielen Pascal-Dialekten für die Namensgebung zulässig.

Der PRO-Tutor zeigt unter dem Menüpunkt *Anzeige/Rotationen* einige Beispiele für Rotationen. Dabei sieht man, daß die Vektoren $\vec{t}$, $\vec{o}$, $\vec{a}$ des Datentyps RotMatrix als Spaltenvektoren interpretiert werden.

■ **Beispiel 3.3:**

Im PRO-Tutor wählen wir den Pulldown-Menüpunkt *Anzeige/Rotationen*. Wir zeigen auf Rotation Nr.2 und bekommen die Anzeige aus Bild 3-11 auf den Bildschirm.

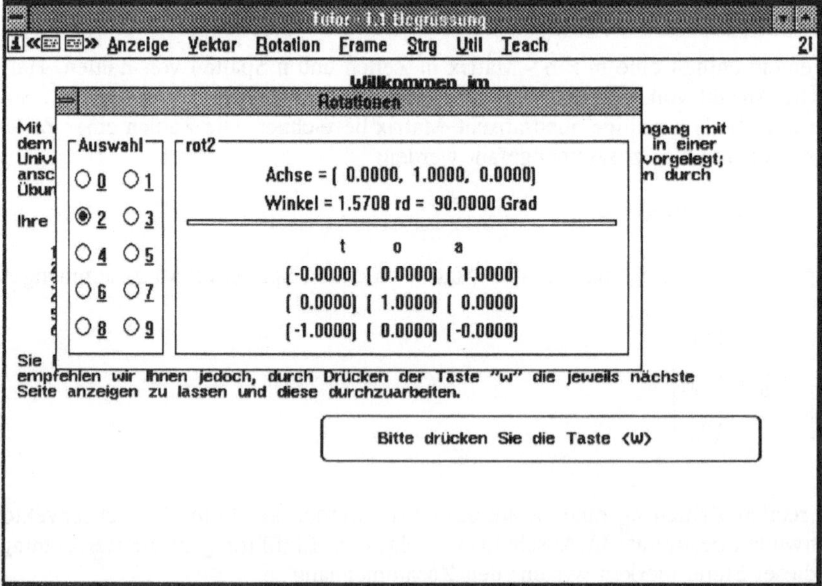

Bild 3-11: Anzeige im PRO-Tutor

Hier wird eine 90°-Drehung um die y-Achse angegeben. Im Bogenmaß beträgt der Winkel $0.5 * \pi = 1.5708$. Die Rotationsmatrix ist

$$\begin{pmatrix} 0.0 & 0.0 & 1.0 \\ 0.0 & 1.0 & 0.0 \\ -1.0 & 0.0 & 0.0 \end{pmatrix}$$

Die Darstellung der Null als -0.0000 in der Anzeige des PRO-Tutors ist ohne weitere Bedeutung.

Mit einer Rotation können bei den ROBOT-Tools verschiedene Operationen durchgeführt werden, welche die Rotationsmatrix verändern. Nicht in allen Fällen wird auch die zugehörige Drehachse und der Drehwinkel automatisch angepaßt. Die Booleschen Variablen Axis_Updated und Angle_Updated geben Auskunft darüber, ob Drehachse und Winkel in einer Variablen vom Typ Rotation der Rotationsmatrix entsprechen. Ist dies nicht der Fall, können die Achsen- und Winkelwerte einer Rotation mit entsprechenden Prozeduren nachgeführt werden.

Neben der Darstellung von Rotationen durch Drehachse/Drehwinkel oder durch eine Rotationsmatrix gibt es eine Reihe weiterer Darstellungen mit jeweils drei Drehwinkeln. Von diesen Darstellungen stehen drei in ROBOT-Tools zur Verfügung und diese sollen in den folgenden Beispielen erläutert werden.

- **Beispiel 3.4 Die Eulerform:**

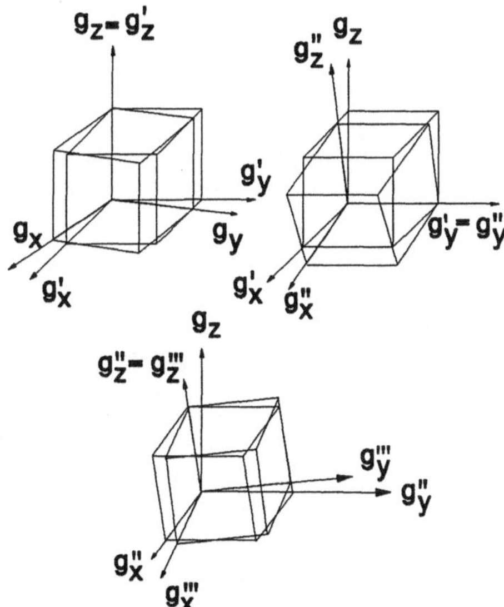

Bild 3-12: Eulerform einer Drehung

Die Eulerform der Rotation wird dargestellt durch die Winkel Phi, Theta und Psi. Sie definieren drei nacheinander auszuführende Drehungen. Die erste erfolgt um die g_z-Achse des Greiferkoordinatensystems, die zweite erfolgt um die nunmehr gedrehte g_y-Achse des Greiferkoordinatensystems und die dritte erfolgt wieder um die mitgedrehte g_z-Achse des Greiferkoordinatensystems.

In Bild 3-12 sind die Drehungen mit Hilfe eines Würfels skizziert. Wichtig ist dabei die Reihenfolge der Drehungen.

■

■ **Beispiel 3.5 Die Rpy-Form:**

Auch die Rpy-Form definiert eine Rotation mit den Achsen des Greiferkoordinatensystems. Die Drehwinkel Psi, Theta und Phi stehen hier für drei nacheinander auszuführende Drehungen um die g_z-Achse, um die neue g_y-Achse und schließlich um die neue g_x-Achse des Greiferkoordinatensystems. Die Reihenfolge dieser Drehungen muß eingehalten werden.

Die Buchstaben R, P und Y stehen für Roll, Pitch und Yaw. Diese Begriffe sind auch aus der Lagebeschreibung eines Flugzeuges bekannt (siehe Bild 3-13). Die Aufgaben der Lagebeschreibung von Werkzeugen am Roboter und von Flugzeugen sind einander sehr ähnlich. Beide Male ist die Lage eines körperfesten Koordinatensystems gegenüber einem Bezugskoordinatensystem zu beschreiben.

Die deutschen Begriffe für Roll-, Pitch- und Yaw-Achse sind Roll-, Nick- und Gierachse.

■

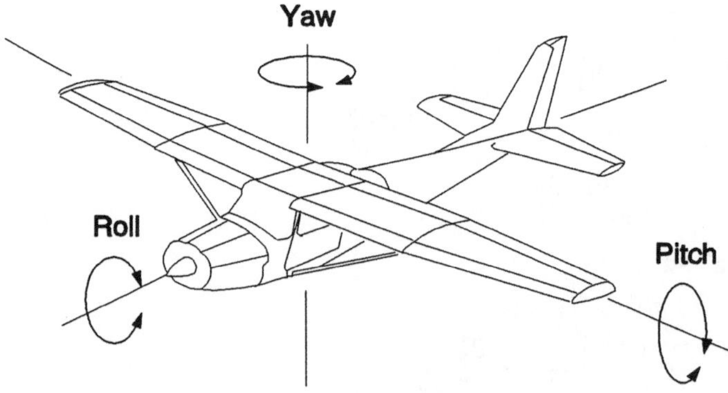

Bild 3-13: Körperfestes Koordinatensystem

■ **Beispiel 3.6 Xyz-Form:**

Die Rotationsbeschreibung der Xyz-Form bezieht sich auf das Bezugskoordinatensystem. Die Drehwinkel Psi, Theta und Phi definieren nacheinander Drehungen um die z-Achse, die y-Achse und die x-Achse des Bezugskoordinatensystems. Auch hier ist auf die Reihenfolge der Drehungen zu achten.

■

Zur vollständigen Lagebeschreibung eines Greifers gehören also der Ortsvektor des TCP und die Rotation, welche die Orientierung des Greiferkoordinatensystems beschreibt. Der entsprechende Datentyp ist gegeben durch

```
Frame = record
              Rot    : Rotation;
              Transl : Vector
        end;
```

Ein Frame gibt damit die Roboterlage an.

Der PRO-Tutor zeigt unter dem Menüpunkt *Anzeige/Frames* einige Beispiele für Frames. Dabei sieht man, daß neben den Angaben zur Rotation auch der Ortsvektor als Transl angegeben wird.

■ **Beispiel 3.7:**

Im PRO-Tutor wählen wir den Pulldown-Menüpunkt *Anzeige/Frames*. Wir zeigen auf Frame Nr.4 und bekommen die Anzeige aus Bild 3-14 auf den Bildschirm.

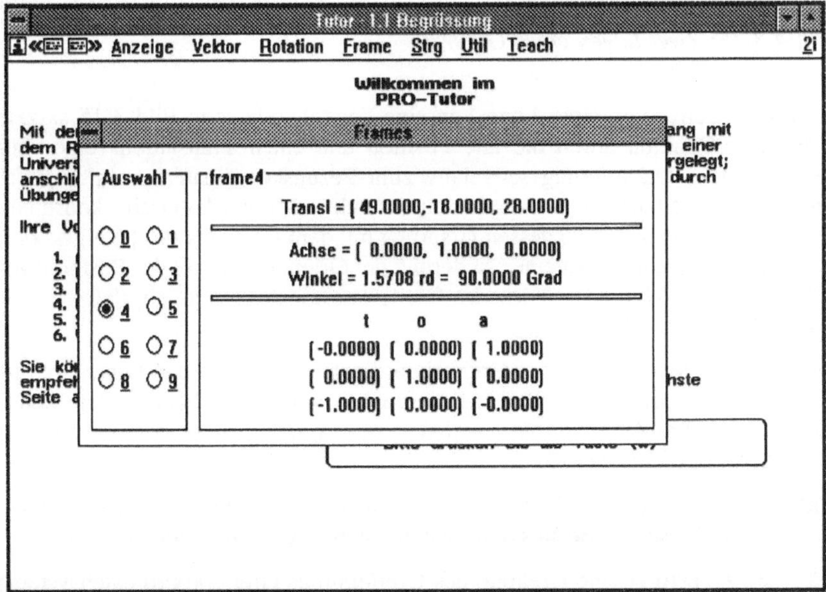

Bild 3-14: Anzeige im PRO-Tutor

Neben der aus Beispiel 3.3 bekannten Rotation ist der Ortsvektor des TCP als Zeilenvektor mit

Transl = (49.0, -18.0, 28.0)

angegeben.

∎

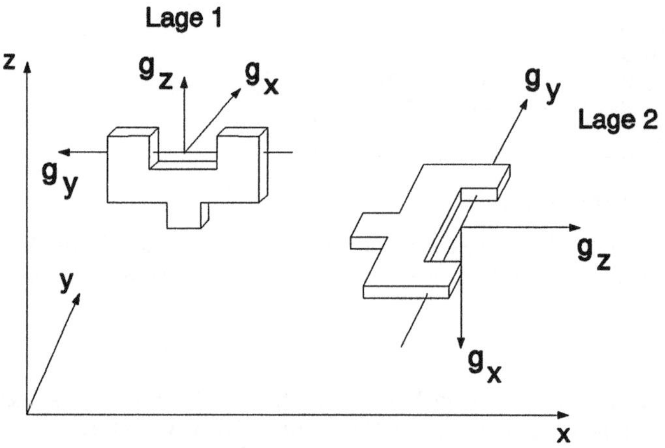

Bild 3-15: Zwei Lagen eines Greifers

Wechselt ein Greifer von einer Lage 1 in eine Lage 2, wie es in Bild 3-15 skizziert ist, so
kann die neue Position durch die alte Position und einen Translationsvektor beschrieben
werden. Die neue Orientierung sei relativ zum Bezugskoordinatensystem angegeben. Wir
können sie aus der alten Orientierung herleiten, indem wir uns das Greiferkoordinatensystem
wieder so versetzt denken, daß dessen Ursprung mit dem Ursprung des Bezugskoordinatensystems übereinstimmt, denn bei einer Änderung der Orientierung soll der Positionsvektor nicht
mitgedreht werden. Nun drehen wir das Greiferkoordinatensystem so, daß die Orientierung
der Lage 2 eingenommen wird.

In Bild 3-15 ist die Achse g_x des Greiferkoordinatensystems in der Lage 1 parallel zur y-
Achse des Bezugskoordinatensystems. Damit haben wir zwei Möglichkeiten, den Übergang
von Orientierung 1 zu Orientierung 2 verbal zu beschreiben, wobei jedesmal zwei Drehungen
nacheinander ausgeführt werden:

a) 1. Es erfolgt eine Drehung des Greifers (des Greiferkoordinatensystems) um die
        y-Achse des Bezugskoordinatensystems. Der Drehwinkel ist 90°.

    2. Es erfolgt eine Drehung des Greifers (des Greiferkoordinatensystems) um die
        x-Achse des Bezugskoordinatensystems. Der Drehwinkel ist -90°.

oder

b) 1. Es erfolgt eine Drehung des Greifers (des Greiferkoordinatensystems) um die g_x-Achse des Greiferkoordinatensystems. Der Drehwinkel ist 90°.

2. Es erfolgt eine Drehung des Greifers (des Greiferkoordinatensystems) um die g_z-Achse des nunmehr gedrehten Greiferkoordinatensystems. Der Drehwinkel ist -90°.

Das gedrehte Greiferkoordinatensystem denken wir uns dann in die Position 2 verschoben.

Ist die Position der Lage 1 und der Lage 2 gegeben durch die Vektoren $\vec{v}_1$ und $\vec{v}_2$, so kann der Übergang von einer Lage in die andere immer durch die folgenden drei Schritte beschrieben werden:

- man verschiebe das Greiferkoordinatensystem um $-\vec{v}_1$ zum Bezugskoordinatensystem, dies ist eine Translation;
- man beschreibe die Drehung zur neuen Orientierung;
- man verschiebe das gedrehte Greiferkoordinatensystem um $\vec{v}_2$ in die neue Lage, dies ist wieder eine Translation.

Wir merken an, daß bei einem Lagewechsel die Beschreibungen von Translation und Rotation des Greiferkoordinatensystems unabhängig voneinander sind.

Ist der Frame für die Home-Position bekannt, so kann der weitere Bewegungsablauf für einen Greifer dadurch angegeben werden, daß bei jedem Lagewechsel der relative Übergang von der alten zur neuen Lage durch die Translation und Rotation beschrieben wird, die von Frame_n (entsprechend Lage_n) zu Frame_{n+1} (entsprechend Lage_{n+1}) führt.

Für die Beschreibung der Interaktion zwischen Werkzeug und Werkstück können weitere Koordinatensysteme eingeführt werden. Dazu soll hier eine Abgrenzung der Begriffe folgen.

Zunächst wird für das Bezugskoordinatensystem auch der Begriff *Weltkoordinatensystem* verwendet. Bei einigen Programmiersprachen wird hierbei aber vorausgesetzt, daß der Ursprung des Weltkoordinatensystems in der ersten Drehachse des Roboters liegt.

Gegenüber dem Bezugskoordinatensystem wird die Lage eines Objektes beschrieben. Daher heißt dessen Koordinatensystem auch *Objektkoordinatensystem*. In unseren Beispielen wie in Bild 3-15 ist der Greifer das Objekt und damit wird hier das Greiferkoordinatensystem auch als Objektkoordinatensystem bezeichnet.

Zusätzlich können *Benutzerkoordinatensysteme* eingeführt werden. Sie können der Beschreibung von Aktionen am Werkstück dienen. So kann in Bild 3-16 die Bearbeitung des Türrahmens eines Autos relativ zum Benutzerkoordinatensystem b beschrieben werden, wobei die Lage des Benutzerkoordinatensystems gegenüber dem Bezugskoordinatensystem bekannt sein muß.

Das *Basiskoordinatensystem* sei dasjenige System, auf welches sich eine Lagebeschreibung bezieht. Dies wird oft das Bezugskoordinatensystem sein, kann jedoch auch ein Benutzerkoordinatensystem sein.

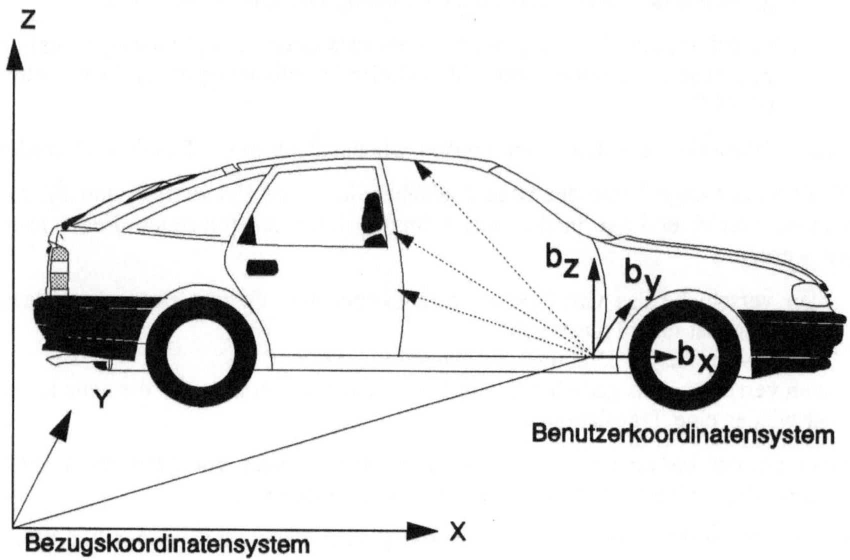

Bild 3-16: Benutzerkoordinatensystem

3.3 Roboterkoordinaten

Die Lage des Roboters wird technisch durch die Winkel in den Drehachsen beschrieben.
ROBOT-Tools rechnet die kartesischen Koordinaten, welche der Programmierer definiert, um
in die entsprechenden Winkel. Zur Steuerung der Bewegung wird die Winkeldifferenz
zwischen alter und neuer Lage dann zum Beispiel in die Anzahl Impulse für Motoren oder
bei einer Regelung in die entsprechenden Werte für absolute oder inkrementelle Positions-
geber umgerechnet.

In ROBOT-Tools wird die Anzahl der Drehachsen des Roboters angegeben mit

```
AngleRangeType = 1..MaxAxis;
```

MaxAxis ist eine vordefinierte Systemkonstante. Für das Robotermodell in Bild 3-17 ist
MaxAxis = 6. Die Achsen 4, 5 und 6 dienen zur rotatorischen Bewegung des Greifers.

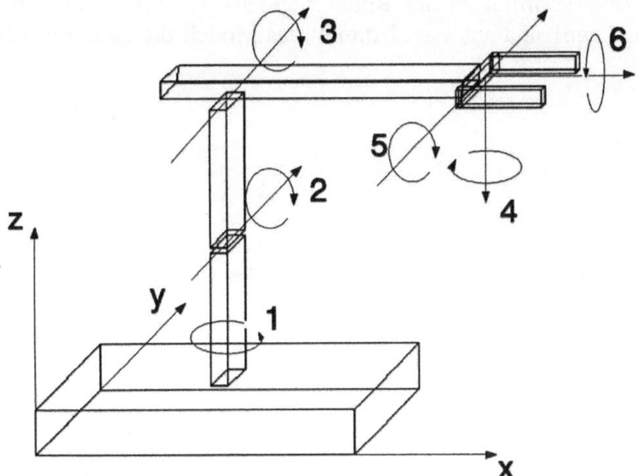

Bild 3-17: Robotermodell mit 6 Drehachsen

Bild 3-17 zeigt die Home-Position. Zum Anfahren der Home-Position kann eine Reihenfolge für die Achsen des Roboters festgelegt werden, in welcher nacheinander die Winkel der Home-Position erreicht werden. Damit ist ein definiertes Verhalten für das Anfahren der Home-Position vorgegeben. Der Datentyp zur Vorgabe der Reihenfolge ist in ROBOT-Tools vereinbart durch

```
AngleOrderType = array [AngleRangeType]
                              of AngleRangeType;
```

Die Winkel in den Drehachsen bezeichnet man als *Roboterkoordinaten*. Sie werden mit einer Variablen des folgenden Typs beschrieben:

```
ThetaI = array [AngleRangeType] of Real;
```

■ **Beispiel 3.8:**

Es werden drei Variablen vereinbart:

```
Nullpos, Lage1, Lage2 : ThetaI;
```

Die Variablen haben folgende Werte in Grad:

```
Nullpos[1] :=  0.0;   Lage1[1] := -90.0;   Lage2[1] := -45.0;
Nullpos[2] :=  0.0;   Lage1[2] :=   0.0;   Lage2[2] :=  18.1;
Nullpos[3] := 90.0;   Lage1[3] :=  90.0;   Lage2[3] :=  98.8;
Nullpos[4] :=  0.0;   Lage1[4] :=   0.0;   Lage2[4] :=   0.0;
Nullpos[5] :=  0.0;   Lage1[5] :=   0.0;   Lage2[5] := -26.9;
Nullpos[6] :=  0.0;   Lage1[6] :=   0.0;   Lage2[6] :=   0.0;
```

Nullpos enthält die Roboterkoordinaten des Robotermodells aus Bild 3-17. Mit den Roboterkoordinaten aus Lage1 und aus Lage2 nimmt das Modell die Lagen in Bild 3-18 an.

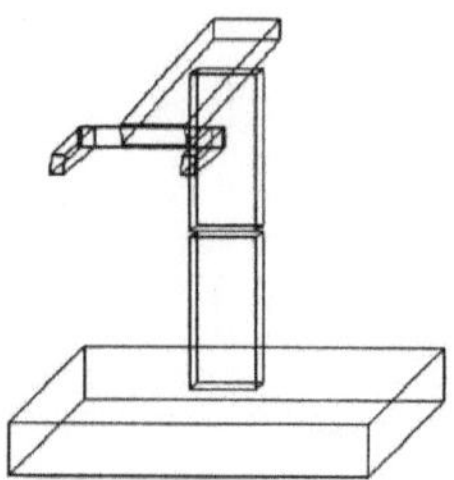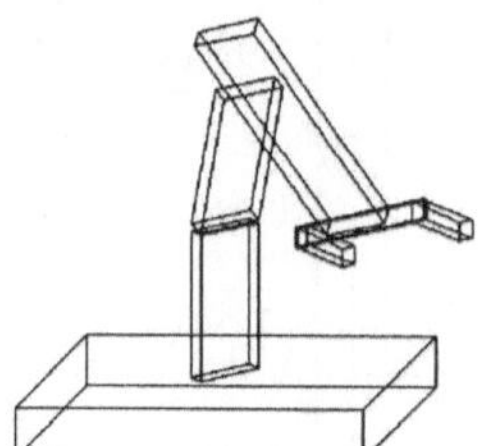

Bild 3-18: Zwei Roboterlagen

In manchen Fällen ist es günstig, eine Lageveränderung direkt über den Winkel einer Drehachse zu beschreiben, anstatt einen vollständigen Frame hierfür anzugeben. Für unser Modell aus Bild 3-17 ist dies der Fall bei einer Drehung um Achse 1. Drehen wir die Achse 1 um den Winkel -90°, so erhalten wir die Lage 1 aus Bild 3-18. Man beachte, daß sich die Roboterkoordinaten des Greifers, also die Winkel der Achsen 4, 5 und 6 nicht geändert haben, wohl aber hat sich die Orientierung des Greifers geändert und ebenfalls wurde mit dieser Bewegung die Position des Greifers geändert.

Ebenso wäre es denkbar, eine einzelne Drehung um Achse 6 über die Roboterkoordinaten zu beschreiben. ROBOT-Tools bietet Prozeduren, mit denen die Roboterkoordinaten direkt verändert werden können. Dies setzt natürlich voraus, daß die entsprechenden Achsen des durch ROBOT-Tools gesteuerten Roboters einzeln drehbar sind.

3.4 Weitere Vereinbarungen

In diesem Abschnitt sollen weitere Vereinbarungen vorgestellt werden, welche die Flexibilität einer Roboterprogrammiersprache erhöhen.

Zunächst erfolgt die Vereinbarung des Typs DeviceType. Dieses ist ein Aufzählungstyp, welcher als Werte die zulässigen Eingabequellen und Ausgabeziele enthält:

```
DeviceType = (Console, Robot1, Robot2, Robot3, Robot4,
              Robot5, Robot6, GrafRobot1, GrafRobot2,
              GrafRobot3, GrafRobot4, GrafRobot5,
              GrafRobot6, StdErr, NullDevice, Textfile,
              Framefile, Realfile, DigCon);
```

Die Bedeutung der Werte ist in Tabelle 3.1 erläutert.

Tabelle 3.1:

Wert	Wertebereich
Console	Tastatur/Bildschirm
Roboti	anschließbare Roboter
GrafRoboti	simulierbare Roboter
StdErr	Ausgabeeinheit für Fehlermeldungen
Nulldevice	Ausgaben auf dieses Gerät und Eingaben von diesem Gerät werden ignoriert
Textfile	Textfile entsprechend Standard-Pascal
Framefile	File zur Speicherung von Frames
Realfile	File zur Speicherung der im Roboterpuffer enthaltenen Steuerinformationen
DigCon	digitale Ein- und Ausgänge

Für die Simulation von Robotern und deren Umgebung enthält ROBOT-Tools das Simulationspaket GRAFRO. Hiermit können Roboter modelliert werden und dann über ROBOT-Tools gesteuert werden. Der Roboter im PRO-Tutor, dessen Bewegungen unter den Menüpunkten *Strg* und *Teach* simuliert werden, wurde mit GRAFRO erstellt.

Ein-/Ausgaben von/zum Nulldevice können zum Beispiel für Testzwecke hilfreich sein. Testmeldungen, die im laufenden Betrieb ausgeblendet werden sollen, können von der Console zum Nulldevice umgelenkt werden.

Im Framefile können Roboterstellungen, Bewegungen, die durch Frames beschrieben werden, und Koordinatentransformationen gespeichert werden.

Der nächste Typ gibt die Werte für Greiferstellungen an. Dieser Typ ist roboterabhängig und für unser einfaches Modell aus Bild 3-17 würde die Vereinbarung lauten:

```
WorkStateType = (open, closed);
```

In Bild 3-4 haben wir gesehen, daß ein Roboter dieselbe Position mit unterschiedlichen Armstellungen anfahren kann. Diese Möglichkeit ist auch für die Roboter vom Scara-Typ gegeben. Die Armstellung kann man entweder dem Steuerungssystem überlassen oder aber man kann die Stellung festlegen. Der Datentyp hierzu ist:

```
PreferedPositionType = (Left, Best, Right);
```

Bei dem Wert Best wählt die Steuerung den kleinstmöglichen Fahrweg.

In den Beispielen 3.4, 3.5 und 3.6 wurden die unterschiedlichen Darstellungsformen einer Rotation beschrieben. Um die Darstellungsform bei der Ein- und Ausgabe wählen zu können, führt man den Datentyp FormType ein:

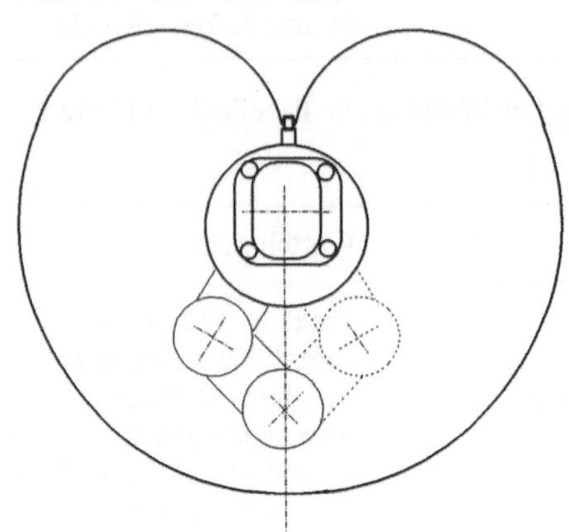

Bild 3-19: Zwei mögliche Armstellungen

```
FormType = (Matrix, Euler, Xyz, Rpy, AxisAngle);
```

Für die Werte Euler, Xyz und Rpy werden die entsprechenden Winkel ein- beziehungsweise ausgegeben. Die Rotationsmatrix wird für den Wert Matrix ausgegeben und für AxisAngle werden die Drehachse (ein Vektor) und der Drehwinkel angegeben.

Bei Zugriff auf externe Files wird der Filename in einer Variablen des folgenden Typs angegeben:

```
DataSetNameType = array[1..80] of Char;
```

Neben den Vereinbarungen der Datentypen gibt es einige Systemkonstanten in ROBOT-Tools, welche der Benutzer nicht mehr vereinbaren muß. MaxAxis wurde bereits erwähnt, weitere Konstanten sind:

```
MaxReal, MinReal, Pi, PiH.
```

Einige in der Roboterprogrammierung häufig verwendete Variablen, die in ROBOT-Tools vordefiniert sind, werden in Tabelle 3.2 wiedergegeben.

Tabelle 3.2: Vordefinierte Systemvariablen

Name	Typ	Wert
XAxis	Vector	(1.0, 0.0, 0.0)
YAxis	Vector	(0.0, 1.0, 0.0)
ZAxis	Vector	(0.0, 0.0, 1.0)
NilVector	Vector	(0.0, 0.0, 0.0)
NilRot	Rotation	Drehung mit 0 Grad um die z-Achse
NilFrame	Frame	Die Rotation ist NilRot, die Translation ist NilVector

3.5 Zusammenstellung der Vereinbarungen

Hier folgt ein Vereinbarungsteil in Pascal mit den in den vorstehenden Abschnitten behandelten Vereinbarungen, die alle in ROBOT-Tools vordefiniert sind.

```pascal
const

    MaxReal = 10E+15;
    MinReal = 10E-15;
    Pi      = 3.14159265359;
    PiH     = 1.570796326795;
    MaxAxis = 6;

type
    Vector = record
                x,y,z : Real
             end;

    RotMatrix = record
                t, o, a  : Vector
             end;

    Rotation =  record
                Axis          : Vector;
                Axis_Updated  : Boolean;
                Angle         : Real;
                Angle_Updated : Boolean;
                Matrix        : RotMatrix
             end;

    Frame = record
                Rot    : Rotation;
                Transl : Vector
             end;

    AngleRangeType = 1..MaxAxis;

    AngleOrderType = array [AngleRangeType]
                        of AngleRangeType;
```

```
    ThetaI = array [AngleRangeType] of Real;

    DeviceType = (Console, Robot1, Robot2, Robot3, Robot4,
                  Robot5, Robot6, GrafRobot1, GrafRobot2,
                  GrafRobot3, GrafRobot4, GrafRobot5,
                  GrafRobot6, StdErr, NullDevice, Textfile,
                  Framefile, Realfile, Digcon);

    WorkStateType = (open, closed);

    PreferedPositionType = (Left, Best, Right);

    FormType = (Matrix, Euler, Xyz, Rpy, AxisAngle);

    DataSetNameType = array[1..80] of Char;

var

    XAxis          : Vector;
    YAxis          : Vector;
    ZAxis          : Vector;
    NilVector      : Vector;
    NilRot         : Rotation;
    NilFrame       : Frame;
```

Übungsaufgaben

Ü 3.1) Zeichnen Sie analog zu Bild 3-12 eine Skizze für die Beschreibung von Drehungen in der Rpy-Form.

Ü 3.2) Gegeben sind die Vektoren

$$\vec{v}_1 = \begin{pmatrix} 15 \\ 0 \\ 3 \end{pmatrix}, \quad \vec{v}_2 = \begin{pmatrix} 27 \\ 10 \\ 0 \end{pmatrix}, \quad \vec{v}_3 = \begin{pmatrix} 0 \\ 15 \\ 7 \end{pmatrix}, \quad \vec{v}_4 = \begin{pmatrix} 27 \\ 10 \\ 11 \end{pmatrix}$$

$$\vec{t}_1 = \begin{pmatrix} -2 \\ 0 \\ 5 \end{pmatrix}, \quad \vec{t}_2 = \begin{pmatrix} 2 \\ -5 \\ 0 \end{pmatrix}, \quad \vec{t}_3 = \begin{pmatrix} 0 \\ 3 \\ 8 \end{pmatrix}, \quad \vec{t}_4 = \begin{pmatrix} -7 \\ 0 \\ -4 \end{pmatrix}$$

Berechnen Sie $\vec{w}_i = \vec{v}_i + \vec{t}_i$, i=1,2,3,4.
Zeichnen Sie die Vektoren $\vec{v}_4$, $\vec{t}_4$ und $\vec{w}_4$ in einem dreidimensionalen Koordinatensystem als Ortsvektoren. Stellen Sie diese Ortsvektoren dabei als Diagonalen eines skizzierten Quaders analog zu Bild 3-2 dar. Verwenden Sie für jeden Vektor und die zugehörige Quaderskizze eine andere Farbe.

Ü 3.3) Beschreiben Sie analog zu Beispiel 3.2 verbal die Orientierung des Greiferkoordinatensystems aus Bild 3-20 gegenüber dem Bezugskoordinatensystem.

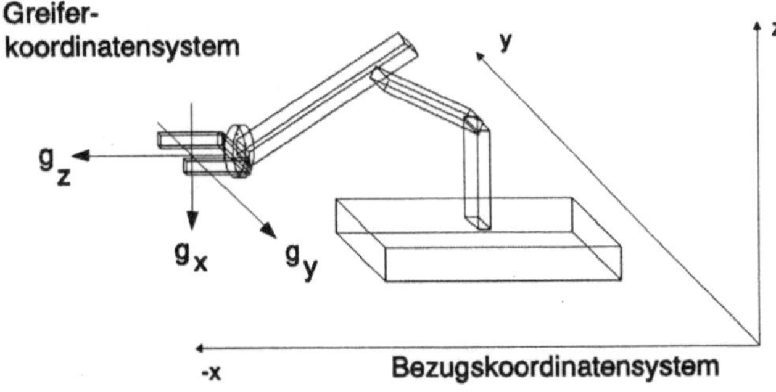

Bild 3-20: Koordinatensysteme

Ü 3.4) In Beispiel 3.3 haben wir uns die Rotation Nr.2 des PRO-Tutors angesehen. Schauen Sie sich nun über den Pulldown-Menüpunkt *Anzeige/Rotationen* die anderen Rotationsbeispiele an. Sie sehen, daß die Rotationen in den Rotationsmatrizen nicht nur mit den Zahlen 0, 1 und -1 beschrieben werden.

Ü 3.5) In Beispiel 3.7 haben wir uns den Frame Nr.4 des PRO-Tutors angesehen. Schauen Sie sich nun über den Pulldown-Menüpunkt *Anzeige/Frames* die anderen Framebeispiele an.

In Frame 1 sehen wir, daß die Rotationsachse für dieses Beispiel nicht mehr wie in den Beispielen zu den Rotationen durch einen Basisvektor des Bezugskoordinatensystems gegeben ist. Für die Rotation dieses Frames erhalten wir eine vollbesetzte Rotationsmatrix, das heißt: keine der Zahlen in dieser Matrix ist 0.

Ü 3.6) Beschreiben Sie verbal den Übergang des Greiferkoordinatensystems von Lage 1 zu Lage 2 in Bild 3-21. Die Position 1 des TCP ist gegeben durch

$$\vec{v}_1 = (5,\ 3,\ 15)$$

und die Position 2 des TCP ist gegeben durch

$$\vec{v}_2 = (27,\ 3,\ 5)$$

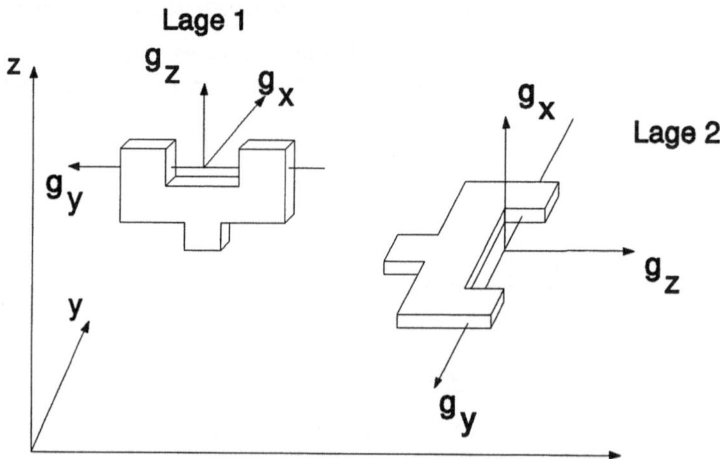

Bild 3-21: Zwei Lagen eines Greifers

Ü 3.7) Schreiben Sie zur Wiederholung ein Pascal-Programm mit den notwendigen Typvereinbarungen, so daß Sie eine Variable vom Typ Frame vereinbaren können.

Weisen Sie dieser Variablen Werte zu und geben Sie die Werte aus.

Ü 3.8) Mit ROBOT-Tools werde in einem Pascal-Programm die Vereinbarung getroffen:

```
Lage1, Lage2    : ThetaI;
```

und die Variablen haben folgende Werte:

```
Lage1[1] :=    0.0;     Lage2[1] :=  180.0;
Lage1[2] :=   16.9;     Lage2[2] :=   69.3;
Lage1[3] :=  100.3;     Lage2[3] :=   83.3;
Lage1[4] :=    0.0;     Lage2[4] :=    0.0;
Lage1[5] :=  -27.2;     Lage2[5] :=  -62.6;
Lage1[6] :=    0.0;     Lage2[6] :=    0.0;
```

Fertigen Sie analog zu den Bildern 3-17 und 3-18 Skizzen für das in diesen Bildern gezeigte Robotermodell an, so daß die Lage durch die Roboterkoordinaten aus Lage1 bzw. aus Lage2 definiert ist.

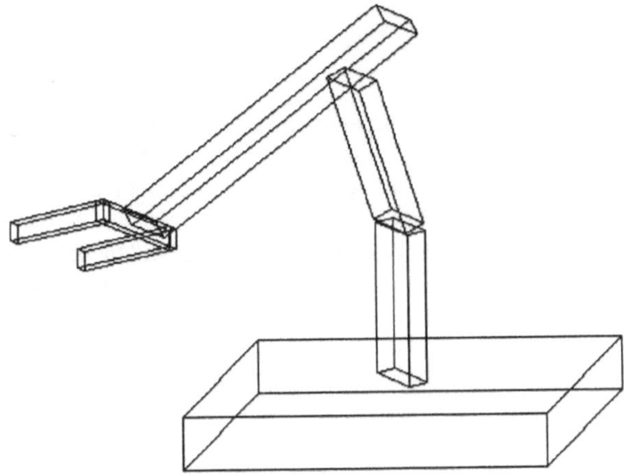

Bild 3-22

Ü 3.9) Bestimmen Sie ungefähr die Roboterkoordinaten zur Lage des Robotermodells in Bild 3-22. Hinweis: Die Summe der Winkel in den Achsen 2, 3 und 5 ist 90°.

Schreiben Sie ein Pascal-Programm mit den notwendigen Typvereinbarungen, so daß Sie eine Variable Lage1 vom Typ ThetaI vereinbaren können. Weisen Sie Lage1 die Roboterkoordinaten aus Bild 3-22 zu.

Ü 3.10) Suchen Sie im PRO-Tutor unter dem Menüpunkt *Anzeige* den NilVector, die NilRot und den NilFrame.

4 Die Lagebeschreibung und deren Mathematik

ROBOT-Tools unterstützt die Lageberechnung durch eine große Anzahl von Prozeduren. Diese Prozeduren sind im Abschnitt 4 des PRO-Tutors in Kurzform erklärt. Gleichzeitig können in einer Simulation die Eingabeparameter der Prozeduren gesetzt werden, die Prozedur wird ausgeführt, und die Ergebnisse erscheinen in einem Fenster auf dem Bildschirm. Die Simulation wird aufgerufen unter den Menüpunkten *Vektor*, *Rotation* und *Frame* im Kopf des PRO-Tutor-Bildschirms. Zu den meisten Prozeduren gibt es eine dreidimensionale Animation, welche die Ergebnisse der Berechnungen in einem weiteren Fenster sichtbar machen.

4.1 Elemente der Vektor- und Matrizenrechnung

In Abschnitt 3 haben wir gesehen, daß bei der Lagebeschreibung eines Greifers Vektoren und Matrizen eine wichtige Rolle spielen. Es sollen im folgenden einige zum Verständnis der Roboterprogrammierung wichtige Eigenschaften von Vektoren und Matrizen aufgeführt werden.

4.1.1 Betrag und Länge

Im $\mathbf{R}^3$ denken wir uns den Ursprung O vorgegeben. Durch den Ursprung oder Nullpunkt gehen drei Achsen, die als x-, y- und z-Achse bezeichnet werden. Die Winkel zwischen diesen Achsen seien jeweils $90°$ und die x-, y-, z-Achse sollen in dieser Reihenfolge ein System nach der rechten Handregel bilden. Jeder Achse ordnen wir einen Ortsvektor der Länge 1 zu. Die dadurch definierten drei Vektoren $\vec{e}_x$, $\vec{e}_y$, $\vec{e}_z$ heißen Basisvektoren und die Menge dieser Vektoren heißt Basis. Basis und Ursprung bilden zusammen ein kartesisches Koordinatensystem.

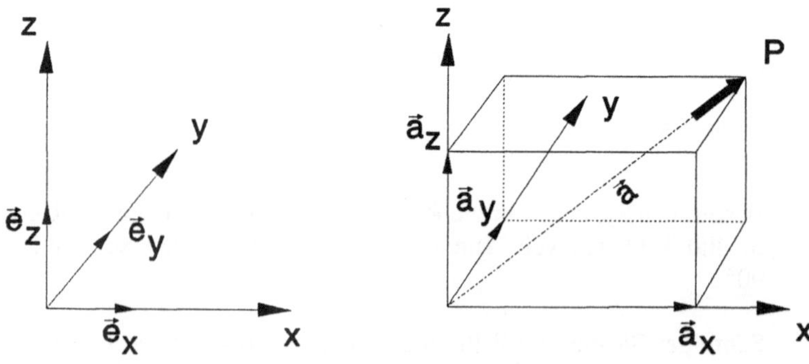

Bild 4-1: Basis und Komponentendarstellung

Ein Ortsvektor $\vec{a}$ kann wie in Bild 4-1 zerlegt werden in die drei Vektoren $\vec{a}_x$, $\vec{a}_y$, $\vec{a}_z$, so daß gilt:

$$\vec{a} = \vec{a}_x + \vec{a}_y + \vec{a}_z \qquad (*4.1)$$

und es gelten die Beziehungen

$$\vec{a}_x = a_x \cdot \vec{e}_x \ , \quad \vec{a}_y = a_y \cdot \vec{e}_y \ , \quad \vec{a}_z = a_z \cdot \vec{e}_z \qquad (*4.2)$$

mit geeigneten reellen Zahlen a_x, a_y und a_z. Dies bedeutet, $\vec{a}_x$ hat dieselbe Richtung wie $\vec{e}_x$ und die Länge von $\vec{a}_x$ ist a_x. In Bild 4-1 sehen wir, daß $\vec{a}_x$ die Projektion von $\vec{a}$ auf die x-Achse ist. Entsprechende Beziehungen gelten für $\vec{a}_y$ und $\vec{a}_z$. Damit kann jeder dreidimensionale Vektor als Linearkombination der Basisvektoren $\vec{e}_x$, $\vec{e}_y$, $\vec{e}_z$ dargestellt werden.

Wir erhalten aus (*4.1) und (*4.2) die Komponentendarstellung des Vektors $\vec{a}$:

$$\vec{a} = \begin{pmatrix} a_x \\ a_y \\ a_z \end{pmatrix} \qquad (*4.3)$$

Diese Darstellung eines Vektors ist uns schon aus Abschnitt 3.2 bekannt. In (*4.3) haben wir eine Darstellung von $\vec{a}$ als Spaltenvektor und in Abschnitt 3.2 hatten wir eine entsprechende Darstellung als Zeilenvektor angegeben. Es ist zunächst egal, welche Darstellung wir wählen.

Der Vektor $\vec{a}$ ist die Diagonale des durch $\vec{a}_x$, $\vec{a}_y$ und $\vec{a}_z$ gebildeten Quaders.

Definition 4.1

Gegeben sei der Vektor $\vec{a} = \begin{pmatrix} a_x \\ a_y \\ a_z \end{pmatrix}$. Dann heißt

$$|\vec{a}| = \sqrt{a_x^2 + a_y^2 + a_z^2}$$

der <u>Betrag</u> von $\vec{a}$.

Offenbar ist für dreidimensionale Vektoren der Betrag von $\vec{a}$ gerade die Länge von $\vec{a}$.

■ **Beispiel 4.1**

a) Für die Basis $\{\vec{e}_x, \vec{e}_y, \vec{e}_z\}$ gilt

$$\vec{e}_x = \begin{pmatrix} 1 \\ 0 \\ 0 \end{pmatrix}, \quad \vec{e}_y = \begin{pmatrix} 0 \\ 1 \\ 0 \end{pmatrix}, \quad \vec{e}_z = \begin{pmatrix} 0 \\ 0 \\ 1 \end{pmatrix}$$

und $\quad |\vec{e}_x| = |\vec{e}_y| = |\vec{e}_z| = 1$

b) Für den Nullvektor $\quad \vec{0} = \begin{pmatrix} 0 \\ 0 \\ 0 \end{pmatrix} \quad$ gilt $\quad |\vec{0}| = 0$.

c) Für den Vektor $\quad \vec{a} = \begin{pmatrix} 0.577 \\ 0.577 \\ 0.577 \end{pmatrix} \quad$ gilt $\quad |\vec{a}| = 0.9994 \quad$ (mit Rundung)

∎

Die Betrachtungen können leicht auf die Ebene übertragen werden. Eine Basis für zweidimensionale Vektoren in der Ebene ist $\{\vec{e}_x, \vec{e}_y\}$, beide Vektoren haben die Länge 1 und die Richtungen sind durch die x- und y-Achse gegeben.

Für einen Vektor $\vec{b} = \begin{pmatrix} b_x \\ b_y \end{pmatrix}$ definieren wir $|\vec{b}| = \sqrt{b_x^2 + b_y^2}$.

Auch auf den $\mathbf{R}^4$ läßt sich die Definition 4.1 übertragen. Vierdimensionale Basisvektoren sind gegeben durch

$$\vec{e}_x = \begin{pmatrix} 1 \\ 0 \\ 0 \\ 0 \end{pmatrix}, \quad \vec{e}_y = \begin{pmatrix} 0 \\ 1 \\ 0 \\ 0 \end{pmatrix}, \quad \vec{e}_z = \begin{pmatrix} 0 \\ 0 \\ 1 \\ 0 \end{pmatrix}, \quad \vec{e}_u = \begin{pmatrix} 0 \\ 0 \\ 0 \\ 1 \end{pmatrix}$$

Im $\mathbf{R}^4$ entfällt jedoch die anschauliche räumliche Darstellung eines Koordinatensystems und der Begriff Länge ist nicht mehr sinnvoll, aber wir können den Betrag definieren.

Definition 4.2

Gegeben sei der Vektor $\vec{a} = \begin{pmatrix} a_x \\ a_y \\ a_z \\ a_u \end{pmatrix}$. Dann heißt

$$|\vec{a}| = \sqrt{a_x^2 + a_y^2 + a_z^2 + a_u^2}$$

der <u>Betrag</u> von $\vec{a}$.

Die Berechnung des Betrages wird in ROBOT-Tools mit der Prozedur AbsVec durchgeführt. Mit der Prozedur MakeVec kann man eine Variable vom Typ Vector vorher mit Werten belegen:

```
procedure MakeVec ( var VOut  : Vector;
                        x      : Real;
                        y      : Real;
                        z      : Real   );
```

Bedeutung der Parameter:

- VOut ist der von der Prozedur erstellte Vektor.
- x ist die x-Komponente des zu erstellenden Vektors.
- y ist die y-Komponente des zu erstellenden Vektors.
- z ist die z-Komponente des zu erstellenden Vektors.

```
procedure AbsVec ( var SOut  : Real;
                   var VIn   : Vector );
```

Bedeutung der Parameter:

- SOut ist der Betrag des Vektors VIn.
- VIn ist der Vektor dessen Betrag zu berechnen ist.

Die Kurzbeschreibung hierzu findet sich im PRO-Tutor auf den Bildschirmseiten 4.1.1 und 4.1.2. Beide Prozeduren können wir im PRO-Tutor auch mit frei wählbaren Parametern ablaufen lassen.

Arrays und Records werden in der Parameterliste auch dann mit dem Wortsymbol var als variable Parameter spezifiziert, wenn es sich um reine Eingabeparameter handelt. Dadurch erfolgt bei Prozeduraufruf ein direkter Zugriff auf die Objekte, und man spart die Zeit für das Kopieren der Werte von value Parametern.

Es sei im PRO-Tutor die Seite 1.1 auf dem Bildschirm. Wir wählen im Kopf der Bildschirmseite den Menüpunkt *Vektor*. Unter dem Wort *Vektor* klappt ein Fenster auf, welches mehrere Prozedurnamen enthält, und wir wählen daraus *MakeVec* an. Das Fenster mit den Prozedurnamen verschwindet und unten auf dem Bildschirm erscheint ein Fenster mit dem Prozeduraufruf von MakeVec. Aus der Parameterliste ersieht man, daß für den Vektor vec0 alle Komponenten auf 1.0 gesetzt sind.

vec0 ist einer der zehn Vektoren, die im PRO-Tutor für Manipulationen zur Verfügung stehen. Unter dem Menüzweig *Anzeige/Vektoren* können wir uns diese zehn Vektoren noch

einmal ansehen. Das Anzeigefenster mit den zehn Vektoren schließen wir wieder und wählen
nun das Kästchen

unten auf dem Bildschirm unter der Prozedur MakeVec an.

Das Fenster unten wird durch ein neues Fenster ersetzt, welches das Ergebnis der Prozedur
MakeVec angibt. Unter dem Ergebnis erscheinen zwei Kästchen zur Auswahl, wir wählen
das Kästchen

an und auf der linken Bildschirmseite erscheint ein weiteres Fenster mit der räumlichen
Darstellung eines Koordinatensystems und dem Vektor vec0. Bild 4-2 zeigt dieses Fenster
zusammen mit dem Ergebnisfenster von MakeVec vor dem Hintergrund mit der Seite 1.1 des
PRO-Tutors.

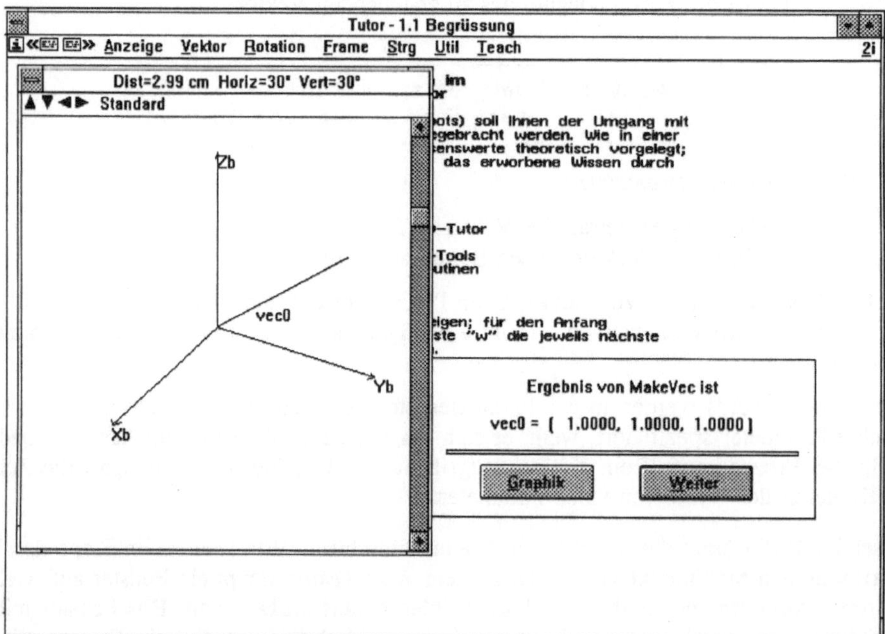

Bild 4-2: MakeVec im PRO-Tutor

Im Fenster mit dem Koordinatensystem ist rechts ein Schiebebalken. Hiermit können wir die
Entfernung des Betrachters zur Graphik im Fenster verändern. Schieben wir den Balken nach

oben, so nähern wir uns der Graphik, das heißt die Graphik wird größer. Entsprechend verkleinert sich die Graphik, wenn der Balken nach unten geschoben wird.

Im oberen Teil der Graphik sieht man in einer Zeile vier Dreiecke. Hiermit kann der Betrachtungswinkel geändert werden. Durch Anwählen eines Dreiecks kann der Betrachter sich in vorgegebenen Schritten nach oben, nach unten, nach links oder nach rechts bewegen. In der Zeile über den Dreiecken werden die jeweiligen Betrachtungswinkel angegeben.

Mit den unter Microsoft-Windows üblichen Möglichkeiten kann auch das gesamte Fenster vergrößert oder verkleinert werden und auf dem Bildschirm verschoben werden.

Nun wählen wir das Kästchen

unten rechts auf dem Bildschirm an und die zwei Fenster verschwinden, es bleibt nur die Seite 1.1 auf dem Bildschirm. Als nächstes wählen wir den Menüzweig *Vektor/AbsVec*. Es erscheint unten rechts ein Fenster mit dem Prozeduraufruf von AbsVec, Eingabeparameter ist der Vektor vec1. Unter dem Menüzweig *Anzeige/Vektoren* sehen wir, daß

$$vec1 = (1.0, 1.0, 1.0)$$

ist. Wir wählen das Kästchen

an und erhalten als Länge von vec1 den Wert $\sqrt{3} = 1.7321$ (gerundet).

Eine graphische Darstellung des Betrages ist nicht sinnvoll, daher würde die Anwahl des Graphik-Kästchens jetzt ohne Wirkung bleiben. Die Anzeigefenster können nun wieder gelöscht werden.

■ **Beispiel 4.2**

Gegeben sei der Vektor $\vec{a} = (0.5, 2.0, 2.0)$. Im PRO-Tutor wollen wir die Komponenten von $\vec{a}$ dem Vektor vec9 zuordnen und uns den Betrag ausgeben lassen. Hierzu wählen wir im PRO-Tutor den Menüzweig *Vektor/MakeVec*.

In der Parameterliste von MakeVec ist die Nummer 0 des Vektors vec0 eingerahmt und invertiert dargestellt. Hinter der 0 blinkt ein senkrechter Strich und zeigt uns an, daß dieser Wert geändert werden kann. Mit der < Backspace > -Taste löschen wir die 0 und Tippen eine 9 ein.

Die weiteren Parameter von MakeVec sind die Komponenten des Vektors, welche ebenfalls eingerahmt sind. Mit dem Maus-Zeiger oder mit der <Tab>-Taste wählen wir die x-Komponente an. Der blinkende senkrechte Strich zeigt an, daß wir den Parameterwert ändern können. Mit der <Backspace>-Taste löschen wir den Wert und Tippen 0.5 ein. Ebenso setzen wir nun die y- und die z-Komponente auf 2.0 .

Mit der Anwahl des Ok-Kästchens schließen wir die Eingabe ab und erhalten das Ergebnisfenster. Anschließend sehen wir uns mit der Graphik-Option den Vektor in der räumlichen Darstellung an. Die räumliche Vorstellung kann dadurch unterstützt werden, daß wir durch Anwahl der Dreiecke die Betrachtungswinkel ändern.

Wir löschen die Fenster und wählen nun den Menüzweig *Anzeige/Vektoren*. Hier sehen wir, daß vec9 nunmehr die neuen Komponenten enthält.

Als nächstes wählen wir den Menüzweig *Vektor/AbsVec* und ändern in der Parameterliste von AbsVec den Parameter vec1 in vec9. Das Ok-Kästchen wird angewählt und wir erhalten als Betrag den Wert 2.8723 (gerundet).

∎

Bei der Gleichsetzung von Vektoren sowie bei der Addition und Subtraktion von Vektoren wird vorausgesetzt, daß die beteiligten Vektoren gleichviel Komponenten haben und daß entweder die Darstellung als Spaltenvektor oder die Darstellung als Zeilenvektor gewählt wird. Es gilt dann:

- Zwei Vektoren sind einander gleich, wenn sie in ihren entsprechenden Komponenten übereinstimmen.
- Zwei Vektoren werden zueinander addiert, indem die entsprechenden Komponenten addiert werden.
- Zwei Vektoren werden von einander subtrahiert, indem die entsprechenden Komponenten voneinander subtrahiert werden.

∎ **Beispiel 4.3**

$$\text{Mit} \quad \vec{a} = \begin{pmatrix} 2 \\ 3 \\ 1 \end{pmatrix}, \quad \vec{b} = \begin{pmatrix} 1 \\ 4 \\ 5 \end{pmatrix} \quad \text{ist} \quad \vec{b} - \vec{a} = \begin{pmatrix} -1 \\ 1 \\ 4 \end{pmatrix}$$

∎

Für die Addition und Subtraktion von Vektoren stehen in ROBOT-Tools zwei Prozeduren zur Verfügung.

```
procedure AddVec ( var VOut : Vector;
                   var VIn1 : Vector;
                   var VIn2 : Vector );
```

Bedeutung der Parameter:

● VOut := VIn1 + VIn2.

```
procedure SubVec ( var VOut : Vector;
                   var VIn1 : Vector;
                   var VIn2 : Vector );
```

Bedeutung der Parameter:

● VOut := VIn1 - VIn2.

■ **Beispiel 4.4**

Im PRO-Tutor wählen wir den Menüzweig *Vektor/AddVec*. Mit der Prozedur AddVec wird

$$vec0 = vec5 + vec4$$

berechnet. Wir wählen das Ok-Kästchen und erhalten das Ergebnis.

Zur räumlichen Darstellung von vec0 wählen wir das Graphik-Kästchen an und erhalten im Graphik-Fenster eine Animation des Additionsvorgangs. Die Addition von vec5 zu vec4 bedeutet geometrisch die Parallelverschiebung von vec5 bis der Anfang des Vektorpfeils vec5 auf der Spitze des Vektorpfeils vec4 steht.

Bei erneuter Anwahl des Graphik-Kästchens wird die Animation wiederholt. Die Wiederholung kann auch unter verschiedenen Betrachtungswinkeln durchgeführt werden.   ■

■ **Beispiel 4.5**

Die Subtraktion aus Beispiel 4.3 soll im PRO-Tutor nachvollzogen werden.

Wir wählen den Menüzweig *Vektor/MakeVec* und setzen

$$vec4 = (2.0, 3.0, 1.0)$$

Wir wählen erneut den Menüzweig *Vektor/MakeVec* und setzen

$$vec5 = (1.0, 4.0, 5.0)$$

Jetzt wählen wir den Zweig *Vektor/SubVec* und führen die Subtraktion durch Anwahl des Ok-Kästchens aus:

$$vec0 = vec5 - vec4$$

Das entsprechende Programmstück würde also lauten:

```
MakeVec(vec4, 2.0, 3.0, 1.0);
MakeVec(vec5, 1.0, 4.0, 5.0);
SubVec(vec0, vec5, vec4);
```
                                                                              ■

Ein Vektor kann mit einem Skalar, das heißt mit einer reellen Zahl, multipliziert werden.

Definition 4.3

Multiplikation eines Vektors $\vec{a}$ mit einem Skalar λ:

$$\lambda \vec{a} = \lambda \begin{pmatrix} a_x \\ a_y \\ a_z \end{pmatrix} = \begin{pmatrix} \lambda a_x \\ \lambda a_y \\ \lambda a_z \end{pmatrix} \tag{*4.4}$$

Analog wird die Multiplikation mit einem Skalar für einen Vektor mit zwei Komponenten und für einen Vektor mit vier Komponenten definiert.

Bei der Multiplikation eines Vektors $\vec{a}$ mit einem Skalar λ ändert sich der Betrag des Vektors um den Faktor $|\lambda|$, denn es gilt mit (*4.4):

$$\begin{aligned}
|\lambda \vec{a}| &= \sqrt{\lambda^2 a_x^2 + \lambda^2 a_y^2 + \lambda^2 a_z^2} \\
&= \sqrt{\lambda^2 (a_x^2 + a_y^2 + a_z^2)} \\
&= \sqrt{\lambda^2} \cdot \sqrt{a_x^2 + a_y^2 + a_z^2} \\
&= |\lambda| \cdot |\vec{a}|
\end{aligned} \tag{*4.5}$$

■ **Beispiel 4.6**

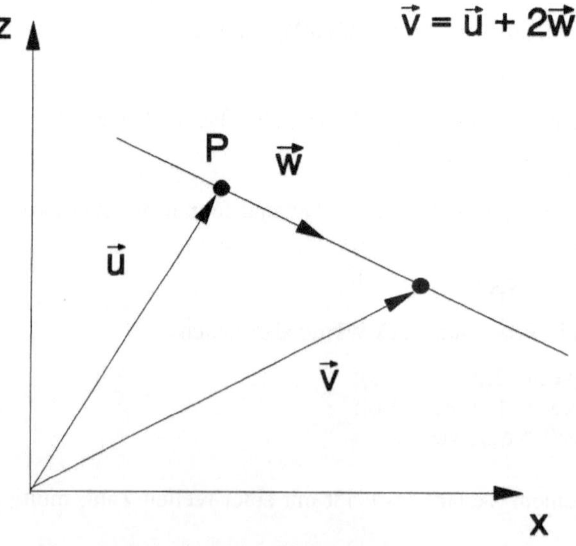

Bild 4-3: Parameterdarstellung einer Geraden

a) Die Parameterdarstellung einer Geraden, welche durch einen Punkt P mit Ortsvektor $\vec{u}$ geht und deren Richtung durch einen Vektor $\vec{w}$ gegeben ist, lautet:

$$\vec{v} = \vec{u} + \lambda \vec{w}$$

b) Ein Vertikal-Knickarmroboter sei mit einer Schweißzange als Werkzeug ausgerüstet. Der Ortsvektor des TCP sei

$$\vec{u} = (150, \ 0, \ 100)$$

Die Maßeinheit sei cm.

Nun soll der TCP parallel zur x-Achse des Bezugskoordinatensystems in Richtung des Basisvektors $\vec{e}_x = (1, 0, 0)$ bewegt werden und nacheinander 10 Punkte jeweils im Abstand von 1 cm anfahren. Die Ortsvektoren $\vec{v}_i$ dieser Punkte sind dann gegeben durch:

$$\vec{v}_i = \vec{u} + \lambda_i \vec{e}_x \quad \text{mit} \quad \lambda_i = i \quad \text{für} \quad i = 1, 2, \ldots, 10$$

■

Die Multiplikation eines Vektors mit einem Skalar übernimmt in ROBOT-Tools die Prozedur MulVec. Ferner gibt es die Funktion DivVec für die Multiplikation eines Vektors mit dem Kehrwert eines Skalars.

```
procedure MulVec ( var VOut : Vector;
                   var VIn  : Vector;
                       SIn  : Real   );
```

Bedeutung der Parameter:

- VOut ist der Ergebnisvektor.
- VIn ist ein Vektor, der mit dem Skalar SIn multipliziert wird.

```
function DivVec ( var VOut : Vector;
                  var VIn  : Vector;
                      SIn  : Real   ) : Boolean;
```

Bedeutung der Parameter und des Funktionswertes:

- VOut ist der Ergebnisvektor.
- VIn ist ein Vektor, der mit dem Kehrwert des Skalars SIn multipliziert wird.
- Für SIn $\neq$ 0 wird die Multiplikation mit dem Kehrwert ausgeführt und der Funktionswert auf true gesetzt. Für SIn = 0 werden die Komponenten von VOut auf MaxReal gesetzt und der Funktionswert auf false gesetzt.

Die Prozedur MulVec und die Funktion DivVec können im PRO-Tutor aufgerufen werden, die Ergebnisse werden in einer räumlichen Graphik dargestellt.

■ **Beispiel 4.7**

Die Vektoren $\vec{v}_i$ aus Beispiel 4.6 sollen in einem Pascal-Programm mit ROBOT-Tools berechnet und ausgegeben werden. Die entsprechenden Zeilen im Vereinbarungsteil und im Durchführungsteil könnten lauten:

```
var
  u           : Vector;
  ZwiVec      : Vector; { Variable für Zwischenwerte }
  v           : array [1..10] of Vector;
  Lambda      : Real;
  i           : Integer;

begin
  MakeVec(u, 150.0, 0.0, 100.0);

  for i := 1 to 10 do
  begin
        Lambda := i;
        MulVec(ZwiVec, XAxis, Lambda);
        AddVec(v[i], u, ZwiVec);

        WriteVec(Console, v[i]);
        WriteLine(Console)
  end
end.
```

■

Zur Ausgabe der Vektoren in Beispiel 4.7 wird die Prozedur WriteVec benutzt. WriteLine bewirkt einen Zeilenumbruch.

```
procedure WriteLine ( Device : DeviceType );
```

Bedeutung des Parameters:

● Device kann die Werte Textfile, Console, StdErr oder NullDevice haben.

```
procedure WriteVec (     Device : DeviceType;
                     var VOut   : Vector      );
```

Bedeutung der Parameter:

● Device kann die Werte Textfile, Console, StdErr oder NullDevice haben.
● VOut ist der auszugebende Vektor.

Für die Darstellung in Beispiel 4.6 b ist es wichtig, daß $\vec{e}_x$ die Länge 1 hat. Zu einem gegebenen Vektor $\vec{a} \neq 0$ können wir nun einen Vektor $\vec{e}_a$ bestimmen, welcher dieselbe Richtung wie $\vec{a}$ hat und welcher den Betrag 1 hat. Wir setzen

$$\lambda = \frac{1}{|\vec{a}|} \quad \text{und} \quad \vec{e}_a = \lambda\vec{a}$$

dann folgt aus (*4.5):

$$|\vec{e}_a| = \frac{1}{|\vec{a}|} \cdot |\vec{a}| = 1 \; .$$

Definition 4.4

Die <u>Normierung eines Vektors</u> ist der Vorgang, zu einem gegebenen Vektor $\vec{a} \neq 0$ einen Vektor gleicher Richtung vom Betrag 1 zu bestimmen.

Ein Vektor mit dem Betrag 1 heißt <u>Einheitsvektor</u>.

■ **Beispiel 4.8**

Gegeben sei der Roboter aus Beispiel 4.6 b und der Ortsvektor des TCP sei wieder

$$\vec{u} = (150, \quad 0, \; 100)$$

Die Maßeinheit sei cm.

a) Nun soll der TCP in Richtung des Vektors $\vec{w} = (4, 0, 3)$ bewegt werden und nacheinander 10 Punkte jeweils im Abstand von 1 cm anfahren.

$$\text{Es ist} \quad |\vec{w}| = \sqrt{25} = 5, \quad \vec{e}_w = \frac{1}{5} \cdot \vec{w}$$

Die Ortsvektoren $\vec{v}_i$ der anzufahrenden Punkte sind

$$\vec{v}_i = \vec{u} + \lambda_i \vec{e}_w \; , \quad \lambda_i = i \quad \text{für} \quad i = 1, 2, \ldots, 10 \; .$$

b) Der TCP soll auf einer Geraden zu einem Punkt Q bewegt werden, dessen Ortsvektor $\vec{q}$ gegeben ist durch

$$\vec{q} = (150, \quad 20, \; 110)$$

Auf dieser Geraden sollen 3 Punkte angefahren werden, so daß zusammen mit dem Ausgangspunkt und dem Punkt Q jeweils zwei benachbarte Punkte gleichen Abstand haben.

Die Richtung der Geraden wird gegeben durch den Vektor

$$\vec{w} = \vec{q} - \vec{u} = (\; 0, \; 20, \; 10),$$

und wir erhalten die Ortsvektoren der gesuchten 3 Punkte mit

$$\vec{v}_i = \vec{u} + \lambda_i \vec{w}, \quad \lambda_1 = 0.25, \quad \lambda_2 = 0.5, \quad \lambda_3 = 0.75$$

In diesem Beispiel ist keine Normierung des Vektors $\vec{w}$ notwendig.

■

In den voranstehenden Beispielen kamen mehrfach Punkte auf einer Geraden vor, deren Abstand für je zwei benachbarte Punkte konstant war. Solche Punkte nennt man äquidistant.

ROBOT-Tools stellt für die Normierung eines Vektors die Funktion NormVec zur Verfügung, im PRO-Tutor kann diese Funktion aufgerufen werden.

```
function NormVec ( var VOut : Vector;
                   var VIn  : Vector ) : Boolean;
```

Bedeutung der Parameter und des Funktionswertes:

- VOut ist der normierte Vektor.
- VIn ist der zu normierende Vektor.
- Ist VIn ungleich dem Nullvektor, so wird VIn normiert und der Funktionswert auf true gesetzt. Ist VIn der Nullvektor, so werden die Komponenten von VOut auf MaxReal gesetzt und der Funktionswert auf false gesetzt.

■ **Beispiel 4.9**

Die Vektoren $\vec{v}_i$ aus Beispiel 4.8 a sollen in einem Pascal-Programm mit ROBOT-Tools berechnet und ausgegeben werden. Die entsprechenden Zeilen im Programm könnten lauten:

```
var
  u, w     : Vector;
  EinsVec  : Vector; { normierter Vektor }
  ZwiVec   : Vector; { Variable für Zwischenwerte }
  v        : array [1..10] of Vector;
  Lambda   : Real;
  i        : Integer;
  Check    : Boolean;

begin
  MakeVec(u, 150.0, 0.0, 100.0);
  MakeVec(w, 4.0, 0.0, 3.0);
  Check := NormVec(EinsVec, w);
  if Check = false then begin
     Writeln
       ('Bei NormVec wurde der Nullvektor eingegeben);
  end;

  for i := 1 to 10 do
  begin
      Lambda := i;
      MulVec(ZwiVec, EinsVec, Lambda);
      AddVec(v[i], u, ZwiVec);

      WriteVec(Console, v[i]);
      WriteLine(Console)
  end
end.
```

Die bisher behandelten Prozeduren und Funktionen aus ROBOT-Tools dienen geometrischen Berechnungen. Sie bewirken noch keine Bewegung eines Roboters und können natürlich auch unabhängig von der Programmierung eines Roboters für mathematische Aufgaben benutzt werden.

Die Komponenten eines Vektors sind in der Roboterprogrammierung reelle Zahlen. Daher überträgt sich die Eigenschaft, daß R eine Gruppe bezüglich der Verknüpfung + ist, auch auf die Menge der n-dimensionalen Vektoren V^n. Es gelten also die folgenden Gruppeneigenschaften:

- $\vec{a}, \vec{b} \in V^n \Rightarrow \vec{a} + \vec{b} \in V^n$, $\vec{a} + \vec{b}$ ist eindeutig bestimmt.
- Kommutativgesetz: $\vec{a} + \vec{b} = \vec{b} + \vec{a}$
- Assoziativgesetz: $\vec{a} + (\vec{b} + \vec{c}) = (\vec{a} + \vec{b}) + \vec{c}$
- Das neutrale Element bezüglich der Addition ist der Nullvektor $\vec{0}$.
- Zu einem Vektor $\vec{a}$ ist $-\vec{a}$ das inverse Element bezüglich der Addition, denn $\vec{a} - \vec{a} = \vec{0}$

n hat in dieser Einführung die Werte 2, 3 und 4.

> **Satz 4.1**
>
> Die Menge der n-dimensionalen Vektoren V^n bildet eine kommutative Gruppe bezüglich der Addition.

Die Addition von Vektoren ist eine innere Verknüpfung, beide Operanden und das Ergebnis sind Vektoren. Die Multiplikation eines Vektors mit einem Skalar ist dagegen eine äußere Verknüpfung.

Da ein Skalar eine reelle Zahl ist, lassen sich die Beziehungen im folgenden Satz zurückführen auf die entsprechenden Beziehungen zwischen reellen Zahlen.

> **Satz 4.2**
>
> Es seien $\vec{a}$ und $\vec{b}$ n-dimensionale Vektoren und λ und μ reelle Zahlen, dann gilt:
>
> a) $(\lambda + \mu)\vec{a} = \lambda\vec{a} + \mu\vec{a}$
> b) $\lambda(\vec{a} + \vec{b}) = \lambda\vec{a} + \lambda\vec{b}$
> c) $(\lambda\mu)\vec{a} = \lambda(\mu\vec{a})$
> d) $1\vec{a} = \vec{a}$

> **Definition 4.5**
>
> Die Menge V^n der n-dimensionalen Vektoren mit der Addition als innerer Verknüpfung und der Multiplikation mit einem Skalar als äußerer Verknüpfung heißt Vektorraum.

Die Eigenschaft, Vektorraum zu sein, setzt die Gültigkeit der Sätze 4.1 und 4.2 voraus.

4.1.2 Skalarprodukt und Vektorprodukt

In diesem Abschnitt betrachten wir dreidimensionale Vektoren.

Definition 4.6

Das <u>Skalarprodukt</u> zweier Vektoren $\vec{a}$ und $\vec{b}$ ist definiert durch

$$\vec{a} \cdot \vec{b} = |\vec{a}| \cdot |\vec{b}| \cdot \cos(\varphi)$$

φ ist der von $\vec{a}$ und $\vec{b}$ eingeschlossene Winkel, das heißt $0° \leq \varphi \leq 180°$.

Satz 4.3

Für das Skalarprodukt gelten folgende Gesetze:

a) Kommutativgesetz: $\vec{a} \cdot \vec{b} = \vec{b} \cdot \vec{a}$

b) Distributivgesetz: $\vec{a} \cdot (\vec{b} + \vec{c}) = \vec{a} \cdot \vec{b} + \vec{a} \cdot \vec{c}$

c) Assoziativgesetz für einen Skalar λ:

$$\lambda(\vec{a} \cdot \vec{b}) = (\lambda\vec{a}) \cdot \vec{b} = \vec{a} \cdot (\lambda\vec{b})$$

Man beachte, daß das Assoziativgesetz nicht für das Skalarprodukt zwischen drei Vektoren gilt.

Es sollen nun die Skalarprodukte für die Winkel $\varphi = 90°$ und $\varphi = 0°$ hervorgehoben werden. Dabei seien $\vec{a} \neq 0$ und $\vec{b} \neq 0$:

$$1) \quad \varphi = 90° \;\leftrightarrow\; \vec{a} \cdot \vec{b} = 0 \tag{*4.6}$$

Für zwei Vektoren, die senkrecht aufeinander stehen, ist das Skalarprodukt 0. Diese Vektoren heißen auch orthogonal zueinander.

$$2) \quad \varphi = 0 \;\leftrightarrow\; \vec{a} \cdot \vec{b} = |\vec{a}| \cdot |\vec{b}| \tag{*4.7}$$

Mit den Gesetzen aus Satz 4.3 läßt sich eine Darstellung des Skalarproduktes durch die Komponenten der Vektoren herleiten.

Satz 4.4

Für die Vektoren $\vec{a}$ und $\vec{b}$ gilt

$$\vec{a} \cdot \vec{b} = a_x b_x + a_y b_y + a_z b_z$$

Nunmehr kann der Winkel zwischen zwei Vektoren $\vec{a}$ und $\vec{b}$ berechnet werden durch

$$\cos(\varphi) \;=\; \frac{\vec{a} \cdot \vec{b}}{|\vec{a}| \cdot |\vec{b}|} \qquad\qquad (*4.8)$$

Mit der Definition 4.1 des Betrages folgt aus Satz 4.4:

$$|\vec{a}| \;=\; \sqrt{\vec{a} \cdot \vec{a}}$$

■ **Beispiel 4.10**

Gegeben sei ein Robotermodell nach Bild 3-6. Das Bezugskoordinatensystem habe jetzt aber seinen Nullpunkt im Fuß des Roboters, damit sind z-Achse des Bezugskoordinatensystems und 1. Drehachse des Roboters identisch. Der TCP des Robotergreifers werde vom Punkt P zum Punkt Q bewegt. Die entsprechenden Ortsvektoren sind $\vec{p}$ und $\vec{q}$. Um welchen Winkel dreht sich die 1. Achse des Roboters?

Es sei

$$\vec{p} = (\;28,\;\; 0,\; 15), \qquad \vec{q} = (\;27,\;\; 2,\; 16)$$

Zur Berechnung des Drehwinkels nehmen wir die Projektionen $\vec{p}_1$ und $\vec{q}_1$ von $\vec{p}$ und $\vec{q}$ auf die x-y-Ebene:

$$\vec{p}_1 = (\;28,\;\; 0,\;\; 0), \qquad \vec{q}_1 = (\;27,\;\; 2,\;\; 0)$$

Es ist nach Satz 4.4 und nach Definition 4.1:

$$\vec{p}_1 \cdot \vec{q}_1 \;=\; 28 \cdot 27 + 0 \cdot 2 + 0 \cdot 0 \;=\; 756$$

$$|\vec{p}_1| \;=\; \sqrt{28^2 + 0^2 + 0^2} \;=\; 28$$

$$|\vec{q}_1| \;=\; \sqrt{27^2 + 2^2 + 0^2} \;=\; 27.074$$

Nach (*4.8) gilt für den eingeschlossenen Winkel

$$\cos\varphi \;=\; \frac{\vec{p}_1 \cdot \vec{q}_1}{|\vec{p}_1| \cdot |\vec{q}_1|} \;=\; \frac{756}{28 \cdot 27.0740} \;=\; 0.9973$$

$$\varphi \;=\; \arccos 0.9973 \;=\; 4.2°$$

Die Zahlen in diesem Beispiel sind gerundet.

■

Wird der TCP in Beispiel 4.10 zunächst zu einem Punkt S bewegt, dessen Ortsvektor $\vec{s} = \lambda\vec{p}$ mit positivem λ ist, so sind die Winkel φ_1 zwischen $\vec{p}$ und $\vec{q}$ und φ_2 zwischen $\vec{s}$ und $\vec{q}$ identisch, denn es gilt nach (*4.5) und Satz 4.3:

$$\cos\varphi_1 = \frac{\vec{p} \cdot \vec{q}}{|\vec{p}| \cdot |\vec{q}|}$$

$$= \frac{\lambda}{|\lambda|} \cdot \frac{\vec{p} \cdot \vec{q}}{|\vec{p}| \cdot |\vec{q}|}$$

$$= \frac{(\lambda\vec{p}) \cdot \vec{q}}{|\lambda\vec{p}| \cdot |\vec{q}|}$$

$$= \frac{\vec{s} \cdot \vec{q}}{|\vec{s}| \cdot |\vec{q}|}$$

$$= \cos\varphi_2$$

und es ist nach Definition 4.6: $0° \leq \varphi_1, \varphi_2 \leq 180°$

Diese Gleichheit gilt auch für die Winkel zwischen den Projektionen $\vec{p}_1$, $\vec{s}_1$ und $\vec{q}_1$ auf die x-y-Ebene.

Zur Berechnung des Skalarproduktes bietet ROBOT-Tools die Prozedur DotVec an.

```
procedure DotVec ( var SOut  : Real;
                   var VIn1  : Vector;
                   var VIn2  : Vector );
```

Bedeutung der Parameter:

- SOut ist der Wert des Skalarproduktes. SOut = VIn1 · VIn2.

DotVec kann im PRO-Tutor aufgerufen werden.

Zur Berechnung eines Winkels zwischen zwei Vektoren benötigt man die Arccos-Funktion. Ferner sind Umrechnungsfunktionen von Radiant in Grad und umgekehrt ganz nützlich.

```
function ArcCos ( Arg : Real) : Real;
```

Bedeutung des Parameters und des Funktionswertes:

- Arg ist der Wert, dessen zugehöriger Winkel berechnet werden soll.
- Der Funktionswert ist der Winkel in Radiant, das heißt das Bogenmaß wird angegeben.

```
function Deg ( Rad : Real) : Real;
```

Bedeutung des Parameters und des Funktionswertes:

- Rad ist der Wert eines Winkels in Radiant.
- Der Funktionswert ist der Wert des Winkels in Grad.

```
function Rad ( Deg : Real) : Real;
```

Bedeutung des Parameters und des Funktionswertes:

- Deg ist der Wert eines Winkels in Grad.
- Der Funktionswert ist der Wert des Winkels in Radiant.

■ **Beispiel 4.11**

Mit ROBOT-Tools ist der Winkel zwischen den Vektoren $\vec{p}$ und $\vec{q}$ zu berechnen. Ein entsprechendes Programmstück lautet:

```
var
  p, q   : Vector;
  PhiDeg : Real;
  Check  : Boolean;

function Winkel ( var p, q   : Vector;
                  var PhiDeg : Real  ) : Boolean;
{ Berechnung des Winkels PhiDeg zwischen den Vektoren}
{ p und q in Grad                                    }
var
  SkaPro, Absp, Absq  : Real;
  Arg                 : Real;

begin
  DotVec(SkaPro, p, q);
  AbsVec(Absp, p);
  AbsVec(Absq, q);

  if (Absp <> 0.0) and (Absq <> 0.0) then begin
     Arg := SkaPro/(Absp * Absq);
     PhiDeg := Deg(ArcCos(Arg));
     Winkel := true;
  end
  else begin
     Winkel := false;
  end
end; { Winkel }

begin
  ReadVec(Console, p);
  ReadVec(Console, q);
  Check := Winkel(p, q, PhiDeg);
  if Check = true then begin
     Writeln('Gesuchter Winkel in Grad: ',PhiDeg);
  end
  else begin
     Writeln('Betrag eines Vektors ist zu klein.');
  end;
end.
```

Zur Eingabe der Vektoren in Beispiel 4.11 wurde die Prozedur ReadVec verwendet.

```
procedure ReadVec (      Device : DeviceType;
                     var VIn    : Vector      );
```

Bedeutung der Parameter:

- Device gibt an, von wo gelesen wird. Zulässige Werte sind Console und Textfile.
- VIn ist der Vektor, dessen Komponenten einzugeben sind.

Wenden wir uns nun dem Vektorprodukt zu. Das Ergebnis des Skalarproduktes ist ein Skalar, eine reelle Zahl. Das Vektorprodukt oder Kreuzprodukt hingegen ist eine Operation zwischen zwei Vektoren, die einen Vektor ergibt.

Definition 4.7

Das <u>Vektorprodukt</u> $\vec{a} = \vec{b} \times \vec{c}$ ist definiert durch die folgenden drei Eigenschaften:

a) $\vec{a}$ steht senkrecht auf $\vec{b}$ und auf $\vec{c}$:

$$\vec{a} \cdot \vec{b} = \vec{a} \cdot \vec{c} = 0$$

b) $|\vec{a}| = |\vec{b}| \cdot |\vec{c}| \cdot \sin\varphi$, $0° \le \varphi \le 180°$ und φ ist der von $\vec{b}$ und $\vec{c}$ einge-schlossene Winkel.

c) Die Vektoren $\vec{b}$, $\vec{c}$, $\vec{a}$ bilden in dieser Reihenfolge ein rechtshändiges System. (Siehe auch Bild 3-7)

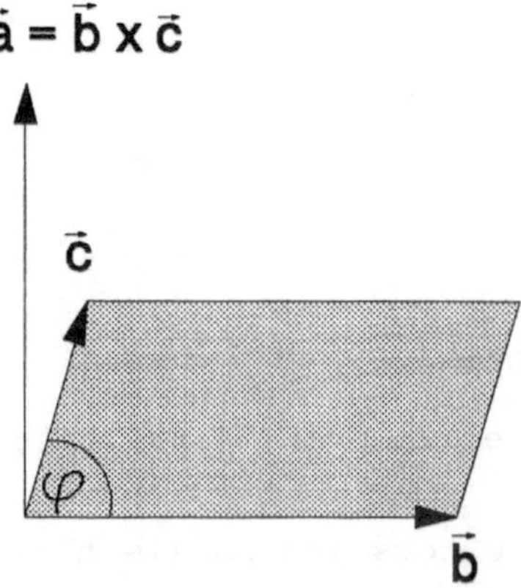

Bild 4-4: Vektorprodukt

Der Betrag von $\vec{a}$ ist der Flächeninhalt des mit $\vec{b}$ und $\vec{c}$ gebildeten Parallelogramms und $\vec{a}$ steht senkrecht auf der von $\vec{b}$ und $\vec{c}$ aufgespannten Ebene.

Für $\vec{b} \neq 0$ und $\vec{c} \neq 0$ ist das Vektorprodukt 0, falls $\varphi = 0°$ oder $\varphi = 180°$.

Satz 4.5

Für das Vektorprodukt gelten folgende Gesetze:

a) Distributivgesetze: $\vec{a} \times (\vec{b} + \vec{c}) = \vec{a} \times \vec{b} + \vec{a} \times \vec{c}$
$(\vec{a} + \vec{b}) \times \vec{c} = \vec{a} \times \vec{c} + \vec{b} \times \vec{c}$

b) Assoziativgesetz für einen Skalar λ:
$$\lambda(\vec{a} \times \vec{b}) = (\lambda\vec{a}) \times \vec{b} = \vec{a} \times (\lambda\vec{b})$$

c) Es gilt $\vec{a} \times \vec{b} = -(\vec{b} \times \vec{a})$
das heißt, das Vektorprodukt ist nicht kommutativ.

Wie für das Skalarprodukt, so läßt sich auch für das Vektorprodukt eine Darstellung durch die Komponenten der Vektoren herleiten.

Satz 4.6

Für die Vektoren $\vec{a}$ und $\vec{b}$ gilt

$$\vec{a} \times \vec{b} = \begin{pmatrix} a_y \, b_z - a_z \, b_y \\ a_z \, b_x - a_x \, b_z \\ a_x \, b_y - a_y \, b_x \end{pmatrix}$$

Die Punktrichtungsform einer Ebene ist gegeben durch

$$\vec{q} = \vec{w} + \lambda\vec{v} + \mu\vec{u} \tag{*4.9}$$

Hierbei ist $\vec{w}$ der Ortsvektor eines Punktes der Ebene und $\vec{v}$ und $\vec{u}$ spannen die Ebene auf. Ein Vektor $\vec{n}$, der senkrecht auf einer Ebene steht, heißt Normalenvektor der Ebene. Wir erhalten einen Normalenvektor der mit (*4.9) definierten Ebene durch Bildung des Vektorproduktes

$$\vec{n} = \vec{v} \times \vec{u}.$$

■ **Beispiel 4.12**

Eine Aufgabe der Roboterprogrammierung lautet: man stelle die $\vec{g}_z$-Achse des Werkzeugkoordinatensystems senkrecht auf eine gegebene Fläche. Dies ist z.B. erforderlich beim Bohren oder beim Einfügen von Gegenständen in Passungen.

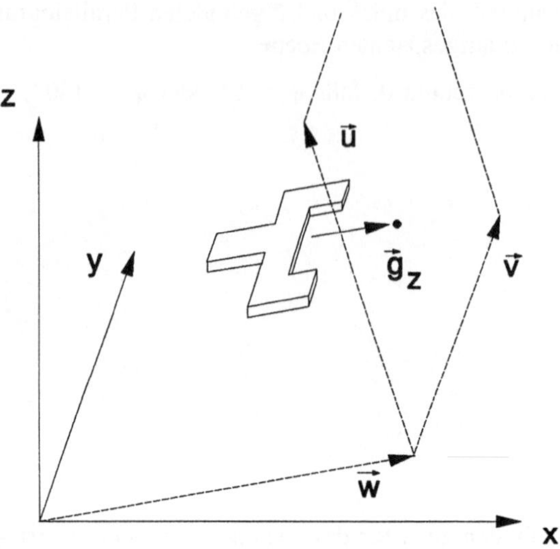

Bild 4-5: Greifer und Fläche

In Bild 4-5 ist das Werkzeug ein Greifer. Die Fläche ist in der Punktrichtungsform (*4.9) gegeben mit

$$\vec{w} = \begin{pmatrix} 100 \\ 0 \\ 20 \end{pmatrix}, \quad \vec{v} = \begin{pmatrix} 0 \\ 100 \\ 0 \end{pmatrix}, \quad \vec{u} = \begin{pmatrix} -25 \\ 0 \\ 70 \end{pmatrix}$$

Gesucht ist ein Basisvektor $\vec{g}_z$ des Greiferkoordinatensystems, der senkrecht auf die Fläche zeigt. Wir erhalten einen Normalenvektor der Fläche durch

$$\vec{n} = \vec{v} \times \vec{u} = \begin{pmatrix} 100 \cdot 70 - 0 \\ 0 - 0 \\ 0 - 100 \cdot (-25) \end{pmatrix} = \begin{pmatrix} 7000 \\ 0 \\ 2500 \end{pmatrix}$$

Nun ist dieser Vektor noch zu normieren.

Es ist $\quad |\vec{n}| = \sqrt{7000^2 + 0^2 + 2500^2} = 7433.0344$

Damit erhalten wir

$$\vec{g}_z = \frac{1}{|\vec{n}|} \cdot \vec{n} = \begin{pmatrix} 0.9417 \\ 0 \\ 0.3363 \end{pmatrix}$$

Die Zahlen in diesem Beispiel sind gerundet.   ∎

Im Beispiel 4.12 hat $\vec{g}_z$ die Richtung von $\vec{n}$. Man beachte, daß dies nicht immer der Fall ist und $\vec{g}_z$ bei anderen Aufgabenstellungen auch die entgegengesetzte Richtung von $\vec{n}$ haben kann.

Durch die Festlegung von $\vec{g}_z$ ist die Orientierung des Werkzeugkoordinatensystems noch nicht eindeutig bestimmt. Eine eindeutige Bestimmung kann zum Beispiel durch die Vorgabe des Basisvektors $\vec{g}_y$ erreicht werden. (Siehe Bild 3-6)

In ROBOT-Tools steht für die Berechnung des Vektorproduktes die Prozedur CrossVec zur Verfügung.

```
procedure CrossVec ( var VOut : Vector;
                     var VIn1 : Vector;
                     var VIn2 : Vector );
```

Bedeutung der Parameter:

● VOut = VIn1 × VIn2.

Diese Prozedur kann im PRO-Tutor aufgerufen werden und die Graphik-Option liefert eine räumliche Darstellung der Operanden des Vektorproduktes und des Ergebnisses.

∎ **Beispiel 4.13**

Zu berechnen sei mit dem PRO-Tutor das Vektorprodukt der Vektoren

$$\vec{p} = (10.0,\ -1.0,\ 0.0), \qquad \vec{q} = (\ 1.0,\ 10.0,\ 0.0)$$

Wir wählen den Menüzweig *Vektor/MakeVec* und setzen

vec1 = (10.0, -1.0,   0.0)

Wir wählen noch einmal den Menüzweig *Vektor/MakeVec* und setzen

vec3 = (1.0, 10.0,   0.0)

Man sieht leicht ein, daß das Vektorprodukt einen Vektor in Richtung der z-Achse ergibt. Wir wählen den Menüzweig *Vektor/CrossVec* und erhalten nach Anwahl des Ok-Kästchens das Ergebnis

$$vec0 = vec1 \times vec3 = (\quad 0.0, \quad 0.0, \quad 101.0)$$

Im Graphik-Fenster müssen wir den Zoom-Effekt des Schiebers auf der rechten Seite nutzen und diesen Balken weit nach oben schieben, um vec1 und vec3 erkennen zu können.

■

4.1.3 Matrizenoperationen

Wir beschränken uns hier auf quadratische Matrizen, das heißt auf $n \times n$-Matrizen, die genauso viel Zeilen wie Spalten haben. Diese heißen auch n-reihige Matrizen. Für die Roboterprogrammierung in dieser Einführung nimmt n die Werte 3 oder 4 an. In den folgenden Darstellungen werden vorwiegend 3×3-Matrizen angegeben, die Aussagen gelten analog für 4×4-Matrizen.

Die Matrizen sowie die Begriffe Zeilenvektor und Spaltenvektor wurden bereits in Abschnitt 3.2 eingeführt. Zwei spezielle Matrizen sind die Nullmatrix N und die Einheitsmatrix E:

$$N = \begin{pmatrix} 0 & 0 & 0 \\ 0 & 0 & 0 \\ 0 & 0 & 0 \end{pmatrix}, \quad E = \begin{pmatrix} 1 & 0 & 0 \\ 0 & 1 & 0 \\ 0 & 0 & 1 \end{pmatrix} \qquad (*4.10)$$

Bei einer $n \times n$-Matrix gibt es eine Hauptdiagonale und eine Nebendiagonale.

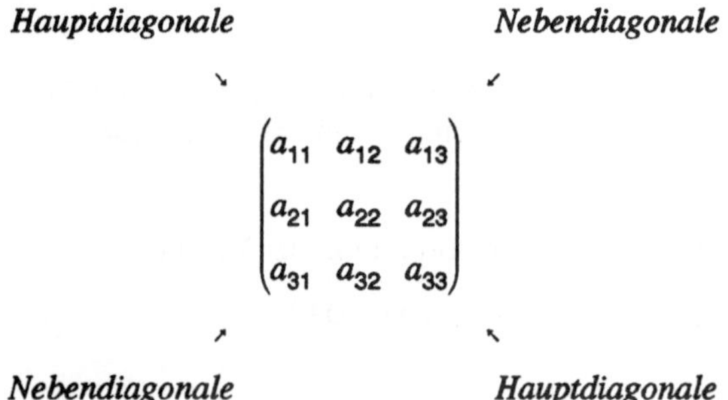

$$\begin{pmatrix} a_{11} & a_{12} & a_{13} \\ a_{21} & a_{22} & a_{23} \\ a_{31} & a_{32} & a_{33} \end{pmatrix}$$

Die Einheitsmatrix hat also in der Hauptdiagonalen nur Einsen.

Definition 4.8

Eine n-reihige Matrix A heißt <u>Diagonalmatrix</u>, wenn alle Elemente außerhalb der Hauptdiagonalen verschwinden, also

$$a_{ik} = 0 \ , \ \text{für } i \neq k \ , \ i,k = 1, 2, \dots , n.$$

■ **Beispiel 4.14**

$$A = \begin{pmatrix} 2 & 0 & 0 \\ 0 & 7 & 0 \\ 0 & 0 & 1 \end{pmatrix} \quad \text{ist eine Diagonalmatrix.}$$

Ferner ist die Einheitsmatrix eine Diagonalmatrix.

■

Wird eine Matrix an ihrer Hauptdiagonalen gespiegelt, so bedeutet dies, daß Zeilen und Spalten miteinander vertauscht werden.

Definition 4.9

Die <u>Transponierte</u> A^T der Matrix A erhält man aus A durch Vertauschen von Zeilen und Spalten.

Ebenso können wir von einem Vektor $\vec{v}$ den transponierten Vektor bilden. Ist $\vec{v}$ ein Zeilenvektor, so ist $\vec{v}^T$ ein Spaltenvektor und umgekehrt.

■ **Beispiel 4.15**

Gegeben seien

$$A = \begin{pmatrix} 2 & 9 & -3 \\ 1 & 4 & 11 \\ -4 & 9 & 6 \end{pmatrix}, \quad B = \begin{pmatrix} 5 & 4 & 3 & 1 \\ 9 & 0 & 1 & 0 \\ 2 & 1 & 1 & 4 \\ 6 & 7 & 9 & 3 \end{pmatrix}$$

Dann sind die Transponierten

$$A^T = \begin{pmatrix} 2 & 1 & -4 \\ 9 & 4 & 9 \\ -3 & 11 & 6 \end{pmatrix}, \quad B^T = \begin{pmatrix} 5 & 9 & 2 & 6 \\ 4 & 0 & 1 & 7 \\ 3 & 1 & 1 & 9 \\ 1 & 0 & 4 & 3 \end{pmatrix}$$

■

Offenbar gelten für eine Matrix A und ihre Transponierte A^T folgende Beziehungen:

- Sind a_{ik} die Elemente von A, so ist

$$a_{ik}^T = a_{ki} \quad , \quad \text{für } i,k = 1, 2, \dots , n.$$

- $(A^{\mathrm{T}})^{\mathrm{T}} = A$.

- Für eine Diagonalmatrix D ist $D^{\mathrm{T}} = D$.

Gleichheit, Addition und Subtraktion von Matrizen sind wie bei Vektoren definiert, und ebenso wie für Vektoren ist auch für Matrizen die Multiplikation mit einem Skalar definiert.

Definition 4.10

a) Zwei n-reihige Matrizen A und B heißen <u>gleich</u>: $A = B$, wenn
$$a_{ik} = b_{ik} \ , \ \text{für } i,k = 1, 2, \dots , n.$$

b) Die <u>Summe</u> zweier n-reihiger Matrizen $C = A + B$ wird gebildet durch Addition der einander entsprechenden Matrixelemente:
$$c_{ik} = a_{ik} + b_{ik} \ , \ \text{für } i,k = 1, 2, \dots , n.$$

c) Die <u>Differenz</u> zweier n-reihiger Matrizen $C = A - B$ wird gebildet durch Subtraktion der einander entsprechenden Matrixelemente:
$$c_{ik} = a_{ik} - b_{ik} \ , \ \text{für } i,k = 1, 2, \dots , n.$$

■   **Beispiel 4.16**

Gegeben seien die Matrizen

$$A = \begin{pmatrix} 2 & 9 & -3 \\ 1 & 4 & 2 \\ 5 & -2 & 6 \end{pmatrix}, \quad B = \begin{pmatrix} 5 & -2 & 2 \\ 3 & 3 & 5 \\ 5 & 3 & 1 \end{pmatrix}$$

Es ist $A \neq B$ und man berechnet

$$A + B = \begin{pmatrix} 7 & 7 & -1 \\ 4 & 7 & 7 \\ 10 & 1 & 7 \end{pmatrix}, \quad A - B = \begin{pmatrix} -3 & 11 & -5 \\ -2 & 1 & -3 \\ 0 & -5 & 5 \end{pmatrix}$$

■

Satz 4.7

Für die Addition n-reihiger Matrizen gelten folgende Gesetze:

a) Kommutativgesetz: $A + B = B + A$.
b) Distributivgesetz: $A + (B + C) = (A + B) + C$.

Definition 4.11

Multiplikation einer Matrix A mit einem Skalar λ:

$$\lambda A = \lambda \cdot \begin{pmatrix} a_{11} & a_{12} & a_{13} \\ a_{21} & a_{22} & a_{23} \\ a_{31} & a_{32} & a_{33} \end{pmatrix} = \begin{pmatrix} \lambda a_{11} & \lambda a_{12} & \lambda a_{13} \\ \lambda a_{21} & \lambda a_{22} & \lambda a_{23} \\ \lambda a_{31} & \lambda a_{32} & \lambda a_{33} \end{pmatrix}$$

λ steht links vor der Matrix.

■ **Beispiel 4.17**

Gegeben sei die Matrix A aus Beispiel 4.16, dann ist

$$3A = \begin{pmatrix} 6 & 27 & -9 \\ 3 & 12 & 6 \\ 15 & -6 & 18 \end{pmatrix}$$

■

Satz 4.8

Es seien A und B n-reihige Matrizen und λ, $\mu \in \mathbf{R}$, dann gelten folgende Gesetze:

a) Assoziativgesetz: $\lambda(\mu A) = (\lambda\mu)A$
b) Distributivgesetze: $(\lambda + \mu)A = \lambda A + \mu A$
$$\lambda(A + B) = \lambda A + \lambda B$$

Es wird nun das Produkt zwischen einer Matrix und einem Vektor definiert. Das Ergebnis ist ein Vektor, hierbei ist an den entsprechenden Stellen auf die Schreibweise der Vektoren als Zeilen- oder als Spaltenvektoren zu achten.

Definition 4.12

Es seien $A = \begin{pmatrix} a_{11} & a_{12} & a_{13} \\ a_{21} & a_{22} & a_{23} \\ a_{31} & a_{32} & a_{33} \end{pmatrix}$, $\vec{v} = \begin{pmatrix} v_1 \\ v_2 \\ v_3 \end{pmatrix}$

a) Die Multiplikation eines Vektors mit einer Matrix von links: $\vec{u} = A\vec{v}$.

Wir bilden die Skalarprodukte der Zeilenvektoren von A mit $\vec{v}$ und erhalten so die Komponenten des Spaltenvektors $\vec{u}$.

$$u_i = \sum_{j=1}^{3} a_{ij} \cdot v_j \quad , \quad \text{für } i = 1, 2, 3$$

Schreibweise:

$$\begin{pmatrix} u_1 \\ u_2 \\ u_3 \end{pmatrix} = \begin{pmatrix} a_{11} & a_{12} & a_{13} \\ a_{21} & a_{22} & a_{23} \\ a_{31} & a_{32} & a_{33} \end{pmatrix} \cdot \begin{pmatrix} v_1 \\ v_2 \\ v_3 \end{pmatrix}$$

b) Die <u>Multiplikation eines Vektors mit einer Matrix von rechts</u>: $\vec{w} = \vec{v}^T A$.

$\vec{v}^T$ ist ein Zeilenvektor. Wir bilden die Skalarprodukte von $\vec{v}^T$ mit den Spaltenvektoren von A und erhalten so die Komponenten des Zeilenvektors $\vec{w}$.

$$w_j = \sum_{i=1}^{3} v_i \cdot a_{ij} \quad , \quad \text{für } j = 1, 2, 3$$

Schreibweise:

$$(w_1, w_2, w_3) = (v_1, v_2, v_3) \cdot \begin{pmatrix} a_{11} & a_{12} & a_{13} \\ a_{21} & a_{22} & a_{23} \\ a_{31} & a_{32} & a_{33} \end{pmatrix}$$

■

■ **Beispiel 4.18**

In diesem Beispiel übertragen wir die Definition 4.12 auf eine 4-reihige Matrix. Gegeben seien:

$$A = \begin{pmatrix} 7 & 4 & 2 & 0 \\ 2 & 1 & 3 & 0 \\ 2 & 5 & 9 & 0 \\ 0 & 0 & 0 & 1 \end{pmatrix}, \quad \vec{p} = \begin{pmatrix} 2 \\ 4 \\ -3 \\ 1 \end{pmatrix}, \quad \vec{q} = (-2, \ 6, \ 3, \ 1)$$

Das Skalarprodukt der 1. Zeile von A mit $\vec{p}$ ist

$$7 \cdot 2 + 4 \cdot 4 + 2 \cdot (-3) + 0 \cdot 1 = 24$$

Das Skalarprodukt von $\vec{q}$ mit der 1. Spalte von A ist

$$(-2) \cdot 7 + 6 \cdot 2 + 3 \cdot 2 + 1 \cdot 0 = 4$$

Insgesamt erhalten wir

$$A\,\vec{p} = \begin{pmatrix} 24 \\ -1 \\ -3 \\ 1 \end{pmatrix}, \quad \vec{q}\,A = (4,\ 13,\ 41,\ 1)$$

■

Aus dem Produkt zwischen einer Matrix und einem Vektor kann das Produkt zweier Matrizen abgeleitet werden. Das Ergebnis ist eine Matrix. Die Definition wird wieder für 3-reihige Matrizen durchgeführt und gilt entsprechend für 4-reihige Matrizen und allgemeiner für n-reihige Matrizen.

Es sei

$$A = \begin{pmatrix} a_{11} & a_{12} & a_{13} \\ a_{21} & a_{22} & a_{23} \\ a_{31} & a_{32} & a_{33} \end{pmatrix}, \quad B = \begin{pmatrix} b_{11} & b_{12} & b_{13} \\ b_{21} & b_{22} & b_{23} \\ b_{31} & b_{32} & b_{33} \end{pmatrix} \qquad (*4.11)$$

Man bilde sämtliche Skalarprodukte der Zeilenvektoren von A mit den Spaltenvektoren von B. Aus (*4.11) erhält man neun Skalarprodukte. Die Nummer der Zeile von A und die Nummer der Spalte von B, aus denen das jeweilige Skalarprodukt berechnet wird, ergeben die Indizes des zugehörigen Elementes der Ergebnismatrix.

Definition 4.13

Gegeben seien die 3-reihigen <u>Matrizen</u> A und B nach (*4.11). Die Elemente des <u>Produktes</u> C = A · B sind definiert durch:

$$c_{ik} = \sum_{j=1}^{3} a_{ij}\,b_{jk}, \quad \text{für } i,k = 1, 2, 3$$

■ **Beispiel 4.19**

Gegeben seien die Matrizen

$$A = \begin{pmatrix} 3 & -2 & 1 \\ \underline{2} & \underline{-3} & \underline{4} \\ 9 & 11 & -1 \end{pmatrix}, \quad B = \begin{pmatrix} 2 & 11 & \underline{3} \\ -3 & 4 & \underline{5} \\ 2 & 1 & \underline{6} \end{pmatrix}$$

Die 2. Zeile von A und die 3. Spalte von B sind unterstrichen. Ihr Skalarprodukt ergibt das Element c_{23} im Produkt C = A · B.

$$c_{23} = 2 \cdot 3 + (-3) \cdot 5 + 4 \cdot 6 = 15$$

Insgesamt erhalten wir

$$A \cdot B = \begin{pmatrix} 3 & -2 & 1 \\ 2 & -3 & 4 \\ 9 & 11 & -1 \end{pmatrix} \cdot \begin{pmatrix} 2 & 11 & 3 \\ -3 & 4 & 5 \\ 2 & 1 & 6 \end{pmatrix} = \begin{pmatrix} 14 & 26 & 5 \\ 21 & 14 & 15 \\ -17 & 142 & 76 \end{pmatrix}$$

Satz 4.9

Für die Multiplikation von n-reihigen Matrizen A, B, C gelten folgende Gesetze:

a) Assoziativgesetz: $A \cdot (B \cdot C) = (A \cdot B) \cdot C$

b) Distributivgesetze: $A \cdot (B + C) = A \cdot B + A \cdot C$

$$(A + B) \cdot C = A \cdot C + B \cdot C$$

c) Gesetz für die Transponierte: $(A \cdot B)^T = B^T \cdot A^T$

d) Es gilt *nicht* das Kommutativgesetz.

Beispiel 4.20

a) Gegeben seien die Matrizen A und B aus Beispiel 4.19. Wir berechnen $B \cdot A$ zu:

$$B \cdot A = \begin{pmatrix} 2 & 11 & 3 \\ -3 & 4 & 5 \\ 2 & 1 & 6 \end{pmatrix} \cdot \begin{pmatrix} 3 & -2 & 1 \\ 2 & -3 & 4 \\ 9 & 11 & -1 \end{pmatrix} = \begin{pmatrix} 55 & -4 & 43 \\ 44 & 49 & 8 \\ 62 & 59 & 0 \end{pmatrix}$$

Das Produkt $A \cdot B$ hatten wir bereits in Beispiel 4.19 berechnet und für diese

Matrizen gilt dann $A \cdot B \neq B \cdot A$. Die Multiplikation von Matrizen ist also nicht kommutativ und damit ist Aussage d aus Satz 4.9 bewiesen worden.

b) Gegeben sei die Matrix A aus Beispiel 4.19 und E sei die Einheitsmatrix, dann gilt:

$$E \cdot A = \begin{pmatrix} 1 & 0 & 0 \\ 0 & 1 & 0 \\ 0 & 0 & 1 \end{pmatrix} \cdot \begin{pmatrix} 3 & -2 & 1 \\ 2 & -3 & 4 \\ 9 & 11 & -1 \end{pmatrix} = \begin{pmatrix} 3 & -2 & 1 \\ 2 & -3 & 4 \\ 9 & 11 & -1 \end{pmatrix} = A$$

Ebenso gilt A $\cdot$ E = A und anhand der Rechnung erkennt man, daß für eine beliebige n-reihige Matrix A und die n-reihige Einheitsmatrix E die Beziehung

$$E \cdot A = A \cdot E = A$$

gilt.

Einen Zeilenvektor kann man als $1 \times$ n-Matrix auffassen und einen Spaltenvektor als $n \times 1$-Matrix. Es lassen sich dann die Gesetze a, b, c aus Satz 4.9 übertragen.

Satz 4.10

Es seien A und B n-reihige Matrizen und $\vec{u}$ und $\vec{v}$ n-dimensionale Spaltenvektoren. Es gelten folgende Gesetze:

a) Assoziativgesetze: $\quad A \cdot (B \cdot \vec{u}) = (A \cdot B) \cdot \vec{u}$

$$\vec{v}^T \cdot (A \cdot B) = (\vec{v}^T \cdot A) \cdot B$$

b) Distributivgesetze: $\quad A \cdot (\vec{u} + \vec{v}) = A \cdot \vec{u} + A \cdot \vec{v}$

$$(\vec{u}^T + \vec{v}^T) \cdot B = \vec{u}^T \cdot B + \vec{v}^T \cdot B$$

c) Gesetz für die Transponierte:

$$(A \cdot \vec{u})^T = \vec{u}^T \cdot A^T$$

Wir wenden uns noch einmal der Multiplikation zweier Matrizen zu.

■ **Beispiel 4.21**

Gegeben seien die Matrizen

$$A = \begin{pmatrix} 7 & -3 & -2 \\ -9 & 4 & 2 \\ -6 & 3 & 1 \end{pmatrix}, \quad F = \begin{pmatrix} -2 & -3 & 2 \\ -3 & -5 & 4 \\ -3 & -3 & 1 \end{pmatrix}$$

Dann berechnen wir

$$A \cdot F = F \cdot A = E \qquad\qquad (*4.12)$$

Wir haben also zu A eine Matrix F angegeben, mit welcher das Produkt der beiden Matrizen die Einheitsmatrix ergibt.

∎

Nicht immer läßt sich zu einer n-reihigen Matrix A eine Matrix F mit A $\cdot$ F = E finden. Zu

$$A = \begin{pmatrix} 1 & 0 & 0 \\ 0 & 0 & 0 \\ 0 & 0 & 0 \end{pmatrix}$$

werden wir keine Matrix F mit der Eigenschaft (*4.12) angeben können.

Definition 4.14

Läßt sich zu einer n-reihigen Matrix A eine Matrix F bestimmen mit

$$A \cdot F = F \cdot A = E \ ,$$

so heißt F die <u>inverse Matrix</u> zu A und A heißt <u>invertierbar</u>.

Bezeichnung: $F = A^{-1}$

Der n-reihigen Matrix A ordnen wir die Determinante det A zu, welche aus den Zeilen von A besteht. Es gilt dann folgender Satz.

Satz 4.11

Eine n-reihige Matrix ist genau dann invertierbar, wenn det A $\neq$ 0 ist.

Die Invertierung einer Matrix hängt zusammen mit der Lösung von linearen Gleichungssystemen und kann im allgemeinen Fall rechnerisch aufwendig werden. Numerische Verfahren hierzu finden sich zum Beispiel in [ST3]. Wir werden später sehen, daß die für die Roboter-Lagebeschreibung notwendigen Inversen relativ einfach anzugeben sind.

Eine allgemeine Einführung in die Vektor- und Matrizenrechnung kann man zum Beispiel in [PA1] finden.

4.2 Rotationen

4.2.1 Drehwinkel, Drehachse, Rotationsmatrix

Ein Vektor $\vec{a}$ liege in der x-y-Ebene eines dreidimensionalen Bezugskoordinatensystems und werde in dieser Ebene um den Winkel φ gedreht (Siehe Bild 4-5). Man erhält den Vektor $\vec{b}$.

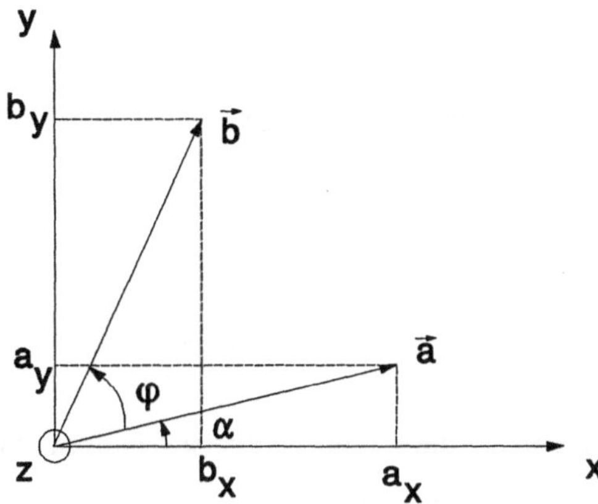

Bild 4-5: Drehung in der x-y-Ebene

Es gelten folgende Beziehungen:

$$|\vec{a}| = |\vec{b}| \qquad\qquad (*4.13)$$

$$\frac{a_x}{|\vec{a}|} = \cos(\alpha)$$

$$\frac{a_y}{|\vec{a}|} = \sin(\alpha)$$

$$\frac{b_x}{|\vec{b}|} = \cos(\alpha + \varphi) = \cos(\alpha) \cdot \cos(\varphi) - \sin(\alpha) \cdot \sin(\varphi)$$

$$\frac{b_y}{|\vec{b}|} = \sin(\alpha + \varphi) = \sin(\alpha) \cdot \cos(\varphi) - \cos(\alpha) \cdot \sin(\varphi)$$

Mit (*4.13) ergibt sich nun aus den vorstehenden Gleichungen

$$b_x = a_x \cdot \cos(\varphi) - a_y \cdot \sin(\varphi) \qquad\qquad (*4.14)$$

$$b_y = a_y \cdot \cos(\varphi) + a_x \cdot \sin(\varphi) \qquad\qquad (*4.15)$$

Für einen Vektor $\vec{a}$ in der x-y-Ebene ist die z-Komponente 0. Drehen wir einen beliebigen Vektor

$$\vec{a} = \begin{pmatrix} a_x \\ a_y \\ a_z \end{pmatrix}$$

um die z-Achse, so gelten für dessen Projektion auf die x-y-Ebene die Gleichungen (*4.14) und (*4.15) und die z-Komponente bleibt konstant: $b_z = a_z$.

Wir können nun die Rotation eines Vektors um die z-Achse als Multiplikation eines Vektors mit einer Matrix von links darstellen:

$$\begin{pmatrix} \cos(\varphi) & -\sin(\varphi) & 0 \\ \sin(\varphi) & \cos(\varphi) & 0 \\ 0 & 0 & 1 \end{pmatrix} \begin{pmatrix} a_x \\ a_y \\ a_z \end{pmatrix} = \begin{pmatrix} a_x \cos(\varphi) - a_y \sin(\varphi) \\ a_x \sin(\varphi) + a_y \cos(\varphi) \\ a_z \end{pmatrix} \qquad (*4.16)$$

Die linke Matrix nennen wir Rotationsmatrix und bezeichnen sie mit R(z, φ). Die Drehung von $\vec{a}$ nach $\vec{b}$ erfolgt, wie in Bild 4-5 ersichtlich, nach der rechten Handregel aus Abschnitt 3.

Entsprechend erhalten wir die Rotationsmatrizen für die Drehungen um die x- und die y-Achse als

$$R(x, \varphi) = \begin{pmatrix} 1 & 0 & 0 \\ 0 & \cos(\varphi) & -\sin(\varphi) \\ 0 & \sin(\varphi) & \cos(\varphi) \end{pmatrix}$$

$$R(y, \varphi) = \begin{pmatrix} \cos(\varphi) & 0 & \sin(\varphi) \\ 0 & 1 & 0 \\ -\sin(\varphi) & 0 & \cos(\varphi) \end{pmatrix}$$

Eine Rotation kann auch als Multiplikation mit einer Matrix von rechts dargestellt werden. hierzu transponieren wir die Gleichung (*4.16) und erhalten nach Satz 4.10 für die Drehung um die z-Achse:

$$(a_x, a_y, a_z) \begin{pmatrix} \cos(\varphi) & \sin(\varphi) & 0 \\ -\sin(\varphi) & \cos(\varphi) & 0 \\ 0 & 0 & 1 \end{pmatrix} =$$

$$(a_x \cos(\varphi) - a_y \sin(\varphi), \; a_x \sin(\varphi) + a_y \cos(\varphi), \; a_z)$$

Hier werden die Vektoren als Zeilenvektoren dargestellt.

■   **Beispiel 4.22**

Ein Vektor $\vec{a}$ werde mit dem Winkel $-\varphi$ um die z-Achse gedreht. Wegen

$$\cos(-\varphi) = \cos(\varphi), \quad \sin(-\varphi) = -\sin(\varphi)$$

erhalten wir

$$R(z, -\varphi) = \begin{pmatrix} \cos(\varphi) & \sin(\varphi) & 0 \\ -\sin(\varphi) & \cos(\varphi) & 0 \\ 0 & 0 & 1 \end{pmatrix}$$

$R(z, -\varphi)$ ist also gerade die transponierte Matrix zu $R(z, \varphi)$ und wir sehen insbesondere, daß die Rotationsmatrizen für die Multiplikation eines Vektors von links und für die Multiplikation von rechts nicht miteinander vertauscht werden dürfen.

Multiplizieren wir $R(z, -\varphi)$ mit $R(z, \varphi)$, so erhalten wir

$$R(z, -\varphi) \cdot R(z, \varphi) = \begin{pmatrix} 1 & 0 & 0 \\ 0 & 1 & 0 \\ 0 & 0 & 1 \end{pmatrix} = E$$

$R(z, -\varphi)$ ist die Inverse zu $R(z, \varphi)$, denn wir drehen erst um den Winkel φ und dann um den Winkel $-\varphi$, so daß wir den ursprünglichen Vektor erhalten müssen.

■

■ **Beispiel 4.23**

Bei einer Rotation durch Multiplikation mit einer Matrix darf sich die Länge eines Vektors nicht ändern. Dies soll für die Drehung eines Vektors $\vec{a}$ um die z-Achse nachgeprüft werden.

Die Rotationsmatrix R(z, φ) und der Vektor

$$\vec{b} = R(z, \varphi) \cdot \vec{a}$$

stehen in (*4.16) und es gilt

$$|\vec{a}|^2 = a_x^2 + a_y^2 + a_z^2$$

$$\begin{aligned}
|\vec{b}|^2 = \;\; & a_x^2\cos^2(\varphi) - 2a_x a_y\cos(\varphi)\sin(\varphi) + a_y^2\sin^2(\varphi) \\
& + a_x^2\sin^2(\varphi) + 2a_x a_y\sin(\varphi)\cos(\varphi) + a_y^2\cos^2(\varphi) \\
& + a_z^2
\end{aligned}$$

$$= a_x^2(\cos^2(\varphi) + \sin^2(\varphi)) + a_y^2(\sin^2(\varphi) + \cos^2(\varphi)) + a_z^2$$

Wegen $\cos^2(\varphi) + \sin^2(\varphi) = 1$ folgt also

$$|\vec{a}| = |\vec{b}| \tag{*4.17}$$

■

Für die Drehung eines Vektors $\vec{a}$ um die z-Achse zu einem Vektor $\vec{b}$ soll der Winkel α zwischen $\vec{a}$ und $\vec{b}$ berechnet werden. $\vec{a}$ und $\vec{b}$ sind nach (*4.16) gegeben. $\vec{a}$ werde wie in Bild 4-6 um den Winkel φ gedreht. Es gilt dann mit dem Ergebnis (*4.17):

$$\cos(\alpha) = \frac{\vec{a} \cdot \vec{b}}{|\vec{a}| \cdot |\vec{b}|} = \frac{\vec{a} \cdot \vec{b}}{|\vec{a}|^2} =$$

$$= \frac{a_x^2\cos(\varphi) - a_x a_y\sin(\varphi) + a_y a_x\sin(\varphi) + a_y^2\cos(\varphi) + a_z^2}{a_x^2 + a_y^2 + a_z^2}$$

$$= \frac{a_x^2\cos(\varphi) + a_y^2\cos(\varphi) + a_z^2}{a_x^2 + a_y^2 + a_z^2}$$

Ist $a_z = 0$, so gilt $\cos(\alpha) = \cos(\varphi)$ und allgemein ist

$$\cos(\alpha) \geq \cos(\varphi)$$

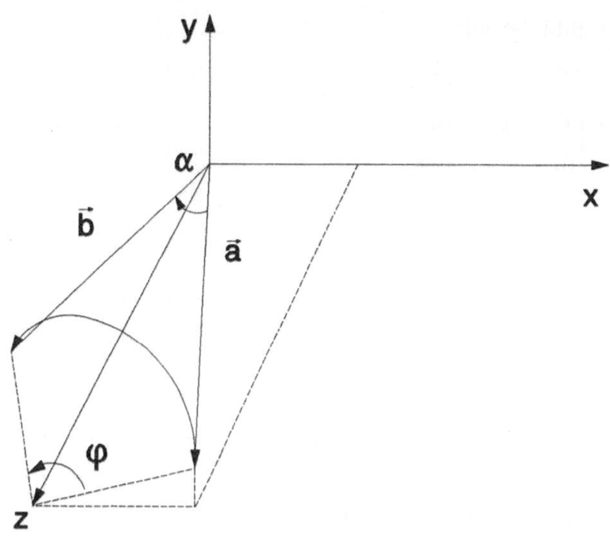

Bild 4-6: Drehung um die z-Achse

Für die Winkel selbst gilt der nachfolgende Satz.

Satz 4.12

Bei der Drehung eines Vektors $\vec{a}$ um die z-Achse zum Vektor $\vec{b}$ mit dem Drehwinkel φ gilt für den Winkel α zwischen $\vec{a}$ und $\vec{b}$ die Ungleichung

$$\alpha \leq \varphi$$

Diese Beziehung gilt auch bei der Drehung um eine beliebige Achse.

Wir betrachten nun das Greiferkoordinatensystem, wie es in Bild 3-6 dargestellt ist. Zur Beschreibung der Orientierung des Greifers denken wir uns den Ursprung des Greiferkoordinatensystems im Ursprung des Bezugskoordinatensystems. Eine Basis des Greiferkoordinatensystems sei gegeben durch $\{\vec{g}_x,\ \vec{g}_y,\ \vec{g}_z\}$ mit $|\vec{g}_x| = |\vec{g}_y| = |\vec{g}_z| = 1$. Die Komponenten dieser Basisvektoren seien im Bezugskoordinatensystem

$$\vec{g}_x = \begin{pmatrix} x_1 \\ y_1 \\ z_1 \end{pmatrix} ,\quad \vec{g}_y = \begin{pmatrix} x_2 \\ y_2 \\ z_2 \end{pmatrix} ,\quad \vec{g}_z = \begin{pmatrix} x_3 \\ y_3 \\ z_3 \end{pmatrix} \tag{*4.18}$$

■   **Beispiel 4.24**

Für die Greiferstellung in Bild 3-6 gilt

$$\vec{g}_x = \begin{pmatrix} 0 \\ 0 \\ -1 \end{pmatrix}, \quad \vec{g}_y = \begin{pmatrix} 0 \\ 1 \\ 0 \end{pmatrix}, \quad \vec{g}_z = \begin{pmatrix} 1 \\ 0 \\ 0 \end{pmatrix}$$

■

Eine Rotation des Greifers bedeutet eine Rotation der Basis des Greiferkoordinatensystems. Stellen wir die Basis dar als Matrix G, deren Spalten die Basisvektoren sind, so wird die Rotation eines Greifers beschrieben als Multiplikation der Matrix G mit der entsprechenden Rotationsmatrix.

Mit (*4.18) wird eine Drehung um die z-Achse des Bezugskoordinatensystems beschrieben durch

$$R(z,\varphi) \cdot G = \begin{pmatrix} \cos(\varphi) & -\sin(\varphi) & 0 \\ \sin(\varphi) & \cos(\varphi) & 0 \\ 0 & 0 & 1 \end{pmatrix} \cdot \begin{pmatrix} x_1 & x_2 & x_3 \\ y_1 & y_2 & y_3 \\ z_1 & z_2 & z_3 \end{pmatrix}$$

$$= \begin{pmatrix} x_1\cos(\varphi)-y_1\sin(\varphi) & x_2\cos(\varphi)-y_2\sin(\varphi) & x_3\cos(\varphi)-y_3\sin(\varphi) \\ x_1\sin(\varphi)+y_1\cos(\varphi) & x_2\sin(\varphi)+y_2\cos(\varphi) & x_3\sin(\varphi)+y_3\cos(\varphi) \\ z_1 & z_2 & z_3 \end{pmatrix}$$

$$= G_d \qquad\qquad\qquad (*4.19)$$

Die Spalten der Matrix G_d sind die Basisvektoren des gedrehten Greiferkoordinatensystems, und wir denken uns nun wieder eine Translation des Ursprungs des Greiferkoordinatensystems in den TCP.

Man beachte, daß bei der vorstehend beschriebenen Drehung des Greifers nur die Orientierung, nicht aber die Position des Greifers verändert wird. Die Drehung des Greiferkoordinatensystems durch Multiplikation von G mit der Rotationsmatrix beschreibt die Drehung so, als läge der Ursprung des Greiferkoordinatensystems im Ursprung des Bezugskoordinatensystems. Anschließend wird eine Translation in den TCP vorgenommen.

Liegt der Ursprung des Greiferkoordinatensystems im TCP, so sind mit den Spitzen der Basisvektoren drei Punkte festgelegt. Die Basisvektoren sind im allgemeinen nicht die Ortsvektoren dieser drei Punkte bezüglich des Bezugskoordinatensystems! Dies würde nur dann gelten, wenn der TCP im Ursprung des Bezugskoordinatensystems liegen würde.

■ **Beispiel 4.25**

Der in Beispiel 4.24 beschriebene Greifer soll seine Orientierung so ändern, daß eine Drehung um 90° bezüglich der x-Achse des Bezugskoordinatensystems vollzogen wird. Es ist

$$G_d = R(x,90°) \cdot G = \begin{pmatrix} 1 & 0 & 0 \\ 0 & 0 & -1 \\ 0 & 1 & 0 \end{pmatrix} \cdot \begin{pmatrix} 0 & 0 & 1 \\ 0 & 1 & 0 \\ -1 & 0 & 0 \end{pmatrix}$$

$$= \begin{pmatrix} 0 & 0 & 1 \\ 1 & 0 & 0 \\ 0 & 1 & 0 \end{pmatrix}$$

Die neue Orientierung des Greifers ist gegeben durch

$$g_{dx} = \begin{pmatrix} 0 \\ 1 \\ 0 \end{pmatrix}, \quad g_{dy} = \begin{pmatrix} 0 \\ 0 \\ 1 \end{pmatrix}, \quad g_{dz} = \begin{pmatrix} 1 \\ 0 \\ 0 \end{pmatrix}$$

Aus Bild 3-6 sieht man, daß die Drehung auch als Drehung um die g_z-Achse beschrieben werden kann.

Die Drehachse bleibt bei einer Rotation invariant. Dies läßt sich auch aus dem vorstehenden Ergebnis ablesen.

■

Für die Beschreibung der Orientierung sind nicht nur Drehungen um die x-, y- und z-Achsen des Bezugskoordinatensystems wichtig. Es soll daher die Rotationsmatrix für die Drehung um eine beliebige Achse, die durch den Ursprung des Bezugskoordinatensystems geht, beschrieben werden. Die Drehung ist in Bild 4-7 skizziert.

$\vec{d}$ sei der Einheitsvektor in Richtung der Drehachse:

$$\vec{d} = \begin{pmatrix} d_x \\ d_y \\ d_z \end{pmatrix}$$

$\vec{a}$, $\vec{b}$ und $\vec{p}$ seien die Ortsvektoren der Punkte A, B und P. $\vec{g}$ sei der Vektor von P nach Q und $\vec{h}$ sei der Vektor von Q nach B.

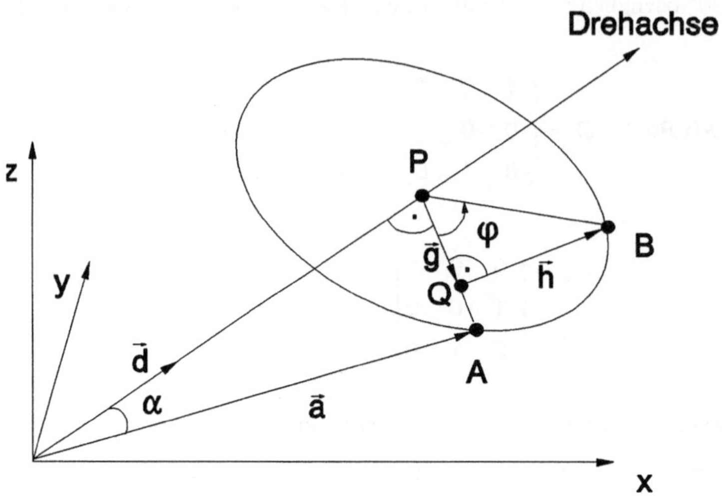

Bild 4-7: Rotation um eine Drehachse

Gesucht ist eine Darstellung der Form

$$\vec{b} = R(\vec{d},\varphi) \cdot \vec{a}$$

wobei R wieder Rotationsmatrix heißt.

Der Vektor von P nach A ist $\vec{a} - \vec{p}$ und der Vektor von P nach B ist $\vec{b} - \vec{p}$. Beide Vektoren haben die gleiche Länge. Es ist daher

$$|\vec{g}| = \cos(\varphi) \cdot |\vec{a} - \vec{p}|$$

und weil $\vec{g}$ und $\vec{a} - \vec{p}$ dieselbe Richtung haben

$$\vec{g} = \cos(\varphi) \cdot (\vec{a} - \vec{p}) \tag{*4.20}$$

Durch Vektoraddition erhalten wir

$$\vec{b} = \vec{p} + \vec{g} + \vec{h} = \vec{p} + \cos(\varphi) \cdot (\vec{a}-\vec{p}) + \vec{h} \tag{*4.21}$$

Die Länge von $\vec{h}$ ist

$$|\vec{h}| = \sin(\varphi) \cdot |\vec{a} - \vec{p}|$$

$\vec{h}$ steht senkrecht auf der durch den Ursprung und die Punkte A, P bestimmten Ebene. Damit ist die Richtung von $\vec{h}$ durch den Normalenvektor $\vec{n} = \vec{d} \times \vec{a}$ gegeben. Durch Normierung von $\vec{n}$ erhalten wir

$$\vec{e}_n = \frac{\vec{d} \times \vec{a}}{|\vec{d} \times \vec{a}|} = \frac{\vec{d} \times \vec{a}}{|\vec{a}| \cdot \sin(\alpha)}$$

und damit ist

$$\vec{h} = \sin(\varphi) \cdot |\vec{a} - \vec{p}| \cdot \frac{\vec{d} \times \vec{a}}{|\vec{a}| \cdot \sin(\alpha)}$$

Nun ist $|\vec{a}| \cdot \sin(\alpha) = |\vec{a} - \vec{p}|$ und

$$\vec{h} = \sin(\varphi) \cdot (\vec{d} \times \vec{a}) \tag{*4.22}$$

Für $\vec{p}$ gilt

$$|\vec{p}| = |\vec{a}| \cdot \cos(\alpha) = \vec{d} \cdot \vec{a} \qquad \text{(Skalarprodukt)}$$

und weil $\vec{p}$ und $\vec{d}$ dieselbe Richtung haben

$$\vec{p} = (\vec{d} \cdot \vec{a}) \cdot \vec{d} \tag{*4.23}$$

(*4.22) und (*4.23) eingesetzt in (*4.21) ergibt

$$\vec{b} = (1 - \cos(\varphi)) \cdot (\vec{d} \cdot \vec{a}) \cdot \vec{d} + \cos(\varphi) \cdot \vec{a} + \sin(\varphi) \cdot (\vec{d} \times \vec{a}) \tag{*4.24}$$

Damit hängt $\vec{b}$ nur von der Drehachse, dem Drehwinkel und von $\vec{a}$ ab. Die Summanden von (*4.24) kann man in Matrizenschreibweise angeben.

Mit $\vec{d} \cdot \vec{a} = d_x a_x + d_y a_y + d_z a_z$ wird

$$(\vec{d} \cdot \vec{a}) \cdot \vec{d} = \begin{pmatrix} d_x^2 a_x & + \ d_x d_y a_y & + \ d_x d_z a_z \\ d_x d_y a_x & + \ d_y^2 a_y & + \ d_y d_z a_z \\ d_x d_z a_x & + \ d_y d_z a_y & + \ d_z^2 a_z \end{pmatrix}$$

$$= \begin{pmatrix} d_x^2 & d_x d_y & d_x d_z \\ d_x d_y & d_y^2 & d_y d_z \\ d_x d_z & d_y d_z & d_z^2 \end{pmatrix} \cdot \begin{pmatrix} a_x \\ a_y \\ a_z \end{pmatrix}$$

$$\vec{a} = \begin{pmatrix} 1 & 0 & 0 \\ 0 & 1 & 0 \\ 0 & 0 & 1 \end{pmatrix} \cdot \vec{a}$$

$$\vec{d} \times \vec{a} = \begin{pmatrix} d_y a_z - d_z a_y \\ d_z a_x - d_x a_z \\ d_x a_y - d_y a_x \end{pmatrix} = \begin{pmatrix} 0 & -d_z & d_y \\ d_z & 0 & -d_x \\ -d_y & d_x & 0 \end{pmatrix} \cdot \begin{pmatrix} a_x \\ a_y \\ a_z \end{pmatrix}$$

Nun läßt sich (*4.24) schreiben als

$$\vec{b} = R(\vec{d},\varphi) \cdot \vec{a}$$

mit der Rotationsmatrix

$$\begin{pmatrix} d_x^2 + (1-d_x^2)\cos(\varphi) & d_x d_y(1-\cos(\varphi))-d_z\sin(\varphi) & d_x d_z(1-\cos(\varphi))+d_y\sin(\varphi) \\ d_x d_y(1-\cos(\varphi))+d_z\sin(\varphi) & d_y^2+(1-d_y^2)\cos(\varphi) & d_y d_z(1-\cos(\varphi))-d_x\sin(\varphi) \\ d_x d_z(1-\cos(\varphi))-d_y\sin(\varphi) & d_y d_z(1-\cos(\varphi))+d_x\sin(\varphi) & d_z^2+(1-d_z^2)\cos(\varphi) \end{pmatrix} \qquad (*4.25)$$

Ist der Drehachsenvektor nicht als Einheitsvektor gegeben, so wird er vor Berechnung der Rotationsmatrix normiert.

■ **Beispiel 4.26**

Für die Rotationsmatrix (*4.25) sei die x-Achse des Bezugskoordinatensystems die Drehachse:

$$\vec{d} = \begin{pmatrix} 1 \\ 0 \\ 0 \end{pmatrix}$$

Man erhält

$$R(\vec{d}, \varphi) = \begin{pmatrix} 1 & 0 & 0 \\ 0 & \cos(\varphi) & -\sin(\varphi) \\ 0 & \sin(\varphi) & \cos(\varphi) \end{pmatrix}$$

in Übereinstimmung mit unseren früheren Angaben.

■

Die Funktion, mit welcher in ROBOT-Tools die Rotationsmatrix aus Drehachse und Drehwinkel berechnet wird, heißt MakeRotXA.

```
function MakeRotXA ( var ROut      : Rotation;
                     var VIn       : Vector;
                         SIn       : Real     ):Boolean;
```

Bedeutung der Parameter und des Funktionswertes:

- ROut ist die erzeugte Rotation.
- VIn ist der Vektor, welcher die Drehachse angibt.
- SIn ist der Drehwinkel.
- Ist der Drehachsenvektor kein Nullvektor, so werden ROut.matrix berechnet und ROut.Angle sowie ROut.Axis mit den entsprechenden Werten belegt. Der Funktionswert wird auf true gesetzt.

  Ist der Drehachsenvektor der Nullvektor, so bleiben ROut.matrix, ROut.Angle und ROut.Axis undefiniert und der Funktionswert wird auf false gesetzt.

Die Umkehrung dieser Funktion ist die Berechnung der Drehachse und des Drehwinkels aus einer vorgegebenen Rotationsmatrix. Auf die mathematische Herleitung gehen wir an dieser Stelle nicht ein.

```
procedure GetXARot ( var VOut      : Vector;
                     var SOut      : Real;
                     var RIn       : Rotation);
```

Bedeutung der Parameter:

- VOut ist der berechnete Drehachsenvektor.
- SOut ist der berechnete Drehwinkel.
- RIn ist die Rotationsvariable mit der vorgegebenen Rotationsmatrix RIn.matrix. RIn.Axis und RIn.Angle müssen bei Aufruf dieser Prozedur nicht die aktuellen zu RIn.matrix gehörenden Drehachsenvektor und Drehwinkel sein. RIn.Axis und RIn.Angle werden mit der Berechnung von VOut und SOut aktualisiert. Gleichzeitig werden RIn.Axis_Updated und RIn.Angle_Updated auf true gesetzt.

Die Rotation eines Vektors, die wir in (*4.16) angegeben haben, wird mit der Prozedur RotVector durchgeführt.

```
procedure RotVector ( var VOut      : Vector;
                      var RIn       : Rotation;
                      var VIn       : Vector   );
```

Bedeutung der Parameter:

- Berechnet wird VOut = RIn.matrix · VIn.

Soll ein gegebener Vektor bezüglich einer vorgegebenen Rotation zurückgedreht werden, bedeutet dies die Multiplikation des Vektors mit der Inversen der Rotationsmatrix. ROBOT-Tools stellt hierfür die Prozedur InvRotVector zur Verfügung.

```
procedure InvRotVector ( var VOut    : Vector;
                         var RIn     : Rotation;
                         var VIn     : Vector  );
```

Bedeutung der Parameter:

- Berechnet wird VOut = RIn.matrix^{-1} · VIn.

  RIn.matrix^{-1} ist die inverse Matrix zu RIn.matrix.

■ **Beispiel 4.27**

Gegeben ist der Drehachsenvektor $\vec{p} = \begin{pmatrix} 2.0 \\ 2.0 \\ 0.0 \end{pmatrix}$

und der Drehwinkel $\varphi = 30°$.

Im PRO-Tutor rufen wir unter dem Menüzweig *Vektor* die Prozedur MakeVec auf. Der Ergebnisvektor soll vec4 sein und die Komponenten geben wir mit 2.0, 2.0, 0.0 an. Nachdem die Prozedur ausgeführt wurde, können wir uns im Menüzweig *Anzeige/- Vektoren* davon überzeugen, daß vec4 nunmehr die Komponenten (2.0, 2.0, 0.0) hat.

Wir rufen dann unter *Rotation* die Funktion MakeRotXA auf. Als Eingabeparameter programmieren wir vec4 und 30.0. Im Ergebnisfenster sehen wir den nunmehr zu 1 normierten Drehachsenvektor und den Drehwinkel. Wählen wir die Graphik-Option, so wird die Rotation in einer Animation gezeigt.

Das Ergebnis von MakeRotXA wird in rot0 gespeichert. Wir wählen den Menüzweig *Anzeige/Rotationen* und finden unter rot0 die Rotationsmatrix

$$R(\vec{p},30°) = \begin{pmatrix} 0.9330 & 0.0670 & 0.3536 \\ 0.0670 & 0.9330 & -0.3536 \\ -0.3536 & 0.3536 & 0.8660 \end{pmatrix} \qquad (*4.26)$$

■

■ **Beispiel 4.28**

In (*4.25) wurde die allgemeine Form der Rotationsmatrix angegeben. Hiermit soll das Ergebnis von Beispiel 4.27 überprüft werden.

Der zu $\vec{p} = \begin{pmatrix} 2.0 \\ 2.0 \\ 0.0 \end{pmatrix}$ gehörende Einheitsvektor ist auf 4 Stellen hinter dem Dezimal-

$$\text{punkt} \quad \vec{d} = \begin{pmatrix} 0.7071 \\ 0.7071 \\ 0.0 \end{pmatrix}$$

Ferner ist

$$\cos(30°) = 0.8660 \ , \ \ \sin(30°) = 0.5$$

Werden diese Werte in (*4.25) eingesetzt, so erhält man die Matrix (*4.26) aus Beispiel 4.27.

∎

∎ **Beispiel 4.29**

Im PRO-Tutor wählen wir unter *Rotation* die Prozedur GetXARot. Als Eingabe nehmen wir die in Beispiel 4.27 berechnete Rotation rot0 und sehen uns das Ergebnis in der Graphik an. Die Wirkung der Rotation sehen wir am gedrehten Koordinatensystem. Zusätzlich ist die berechnete Drehachse angegeben.

∎

∎ **Beispiel 4.30**

Wir verfolgen die Wirkung von RotVector und von InvRotVector im PRO-Tutor.

Es wird vec1 = (-1.0, -1.0, -1.0) gesetzt und rot2 sei die Drehung von 90° um die y-Achse des Bezugskoordinatensystems. Als Eingabeparameter von RotVector wählen wir rot2 und vec1, der Ergebnisvektor sei vec0. In der Graphik wird das Ergebnis als Animation gezeigt. Hierbei kann der Standpunkt des Betrachters nach rechts verlegt werden um die Drehung besser sichtbar zu machen.

Mit dem anschließenden Aufruf von InvRotVector (vec1, rot2, vec0) wird der Vektor wieder zurückgedreht und wir erhalten wieder vec1 = (-1.0, -1.0, -1.0).

∎

Zur Ein- und Ausgabe von Rotationen dienen die Prozeduren ReadRot und WriteRot. Die Rotationen können wahlweise in den verschiedenen in ROBOT-Tools verfügbaren Darstellungen angegeben werden.

```
procedure ReadRot (       Device    : DeviceType;
                          Form      : FormType;
                  var RIn           : Rotation   );
```

Bedeutung der Parameter:

● Der DeviceType wurde in Abschnitt 3.4 aufgeführt. Zulässig sind für diese Prozedur die Werte Console und Textfile.

- Der FormType gibt die Darstellungsform der Rotation an. Er wurde ebenfalls in Abschnitt 3.4 aufgeführt.
- RIn ist die Rotationsvariable.

```
procedure WriteRot (      Device    : DeviceType;
                          Form      : FormType;
                      var ROut      : Rotation   );
```

Bedeutung der Parameter:

- Der DeviceType wurde in Abschnitt 3.4 aufgeführt. Zulässig sind für diese Prozedur die Werte Console, Textfile, StdErr und Nulldevice.
- Der FormType gibt die Darstellungsform der Rotation an. Er wurde ebenfalls in Abschnitt 3.4 aufgeführt.
- ROut ist die auszugebende Rotationsvariable.

■ **Beispiel 4.31**

Zur Festlegung der Orientierung eines Greifers soll der Vektor $\vec{g}_z$ des Greiferkoordinatensystems aus der x-Achse des Bezugskoordinatensystems durch eine Drehung von -10° um die y-Achse hervorgehen. Ein entsprechendes Programmstück unter Verwendung der vordefinierten Systemvariablen könnte lauten:

```
var
  gz          : Vector;
  rotate      : Rotation;
  Check       : Boolean;
begin
  Check := MakeRotXA(rotate, YAxis, -10.0);
  if Check = true then begin
     RotVector(gz, rotate, XAxis);

   { Ausgabe: }
     WriteRot(Console, Matrix, rotate);
     WriteLine(Console);
     WriteVec(Console, gz);
  end
  else begin
     Writeln
     ('Bei MakeRotXA wurde der Nullvektor eingegeben');
  end;
end.
```

■

Die Orientierung eines Greifers kann auch durch mehrere hintereinander auszuführende Rotationen beschrieben werden. so wurde in Beispiel 4.31 zunächst der Einheitsvektor in Richtung der x-Achse um die y-Achse gedreht. Der Ergebnisvektor soll nun noch mit 40° um die z-Achse gedreht werden. Man erhält

$$\vec{g}_z = R(z,\ 40°) \cdot R(y,\ -10°) \cdot e_x$$

$$= \begin{pmatrix} 0.7660 & -0.6428 & 0 \\ 0.6428 & 0.7660 & 0 \\ 0 & 0 & 1 \end{pmatrix} \cdot \begin{pmatrix} 0.9848 & 0 & -0.1736 \\ 0 & 1 & 0 \\ 0.1736 & 0 & 0.9848 \end{pmatrix} \cdot \begin{pmatrix} 1 \\ 0 \\ 0 \end{pmatrix}$$

$$= \begin{pmatrix} 0.7660 & -0.6428 & 0 \\ 0.6428 & 0.7660 & 0 \\ 0 & 0 & 1 \end{pmatrix} \cdot \begin{pmatrix} 0.9848 \\ 0 \\ 0.1736 \end{pmatrix}$$

$$= \begin{pmatrix} 0.7544 \\ 0.6330 \\ 0.1736 \end{pmatrix}$$

Nach Satz 4.10 kommen wir zum gleichen Ergebnis, wenn wir erst die beiden Matrizen miteinander multiplizieren.

$$R = R(z,\ 40°) \cdot R(y,\ -10°)$$

$$= \begin{pmatrix} 0.7544 & -0.6428 & -0.1330 \\ 0.6330 & 0.7660 & -0.1116 \\ 0.1736 & 0 & 0.9848 \end{pmatrix} \qquad (*4.27)$$

Durch die Multiplikation zweier Rotationsmatrizen erhält man eine neue Rotationsmatrix R und es ist offensichtlich

$$\vec{g}_z = R \cdot \vec{e}_x$$

Die Verknüpfung zweier Rotationen durch Hintereinanderausführung wird in ROBOT-Tools mit der Prozedur RotRot durchgeführt. Diese Verknüpfung kann auch so interpretiert werden, daß eine Rotation durch die andere Rotation rotiert wird. Es ist zu beachten, daß bei der zugrundeliegenden Matrixmultiplikation der Operand rechts und der Operator links steht. Die Umkehrung des Vorgangs ist die Rückrotierung einer Rotation durch die Prozedur InvRotRot. Hierbei wird die Matrix des Operanden mit der inversen Matrix des Operators multipliziert.

```
procedure RotRot ( var ROut   : Rotation;
                    var R2     : Rotation;
                    var R1     : Rotation );
```

Bedeutung der Parameter:

● ROut entsteht durch Verknüpfung der Rotation R1 mit der Rotation R2:

ROut.Matrix = R2.Matrix · R1.Matrix

Der neue Drehwinkel und der neue Drehachsenvektor werden nicht mitberechnet. Diese können mit GetXARot aktualisiert werden.

```
procedure InvRotRot ( var ROut   : Rotation;
                       var R2     : Rotation;
                       var R1     : Rotation );
```

Bedeutung der Parameter:

● ROut ist das Ergebnis der Rückrotierung von R1 durch R2.

ROut.Matrix = R2.Matrix^{-1} · R1.Matrix

R2.Matrix^{-1} ist die Inverse zu R2.Matrix. Der neue Drehwinkel und der neue Drehachsenvektor werden nicht mitberechnet. Diese können mit GetXARot aktualisiert werden.

■ **Beispiel 4.32**

Es soll eine Rotation von 40° um die z-Achse mit einer Rotation von -10° um die y-Achse verknüpft werden. (Man beachte die Reihenfolge)

Im PRO-Tutor ist der Einheitsvektor in Richtung der z-Achse bei der Initialisierung des Tutors durch vec8 gegeben und der Einheitsvektor in Richtung der y-Achse durch vec7. Es werden dann folgende Prozeduren aufgerufen:

```
MakeRotXA(rot1, vec8, 40.0);
MakeRotXA(rot2, vec7, -10.0);
RotRot(rot3, rot2, rot1);
```

Über den Menüzweig *Anzeige/Rotationen* sehen wir uns die Rotationsmatrix von rot3 an:

$$\begin{pmatrix} 0.7544 & -0.6330 & -0.1736 \\ 0.6428 & 0.7660 & 0 \\ 0.1330 & -0.1116 & 0.9848 \end{pmatrix}$$

Diese Matrix ist nicht identisch mit (*4.27), Drehungen sind nicht kommutativ.

Der Vektor $\vec{e}_x$ ist im PRO-Tutor nach der Initialisierung gegeben durch vec6. Wir drehen vec6 mit rot3 durch

```
RotVector(vec0, rot3, vec6);
```

Als Ergebnis erhalten wir

$$vec0 \; = \; \begin{pmatrix} 0.7544 \\ 0.6428 \\ 0.1330 \end{pmatrix}$$

Das Ergebnis von RotRot wird wiederum graphisch dargestellt. Wählen wir die Graphik-Option, so sehen wir nacheinander die Ausführung der ersten und der zweiten Rotation.

∎

Die Drehung eines Greifers wurde in (*4.19) mathematisch beschrieben als Multiplikation der Matrix, welche durch ihre Spaltenvektoren die Basis des Greiferkoordinatensystems darstellt, mit einer Rotationsmatrix. Liegen die Basisvektoren des Greiferkoordinatensystems parallel zu den Basisvektoren des Bezugskoordinatensystems, so wird die Basis des Greiferkoordinatensystems durch die Einheitsmatrix dargestellt.

Multiplikation einer Rotationsmatrix mit der Einheitsmatrix ergibt wieder die Rotationsmatrix. Jede Rotationsmatrix kann also auch als Basis eines gedrehten Greiferkoordinatensystems interpretiert werden. Man sieht sofort, daß die Spaltenvektoren der Matrizen R(x, φ), R(y, φ) und R(z, φ) die Länge 1 haben und daß die Spaltenvektoren dieser Matrizen senkrecht aufeinander stehen.

> **Satz 4.13**
>
> Die Orientierung eines Greifers oder eines anderen Effektors ist durch die Rotationsmatrix bestimmt, welche angibt, wie das Greiferkoordinatensystem (Effektorkoordinatensystem) gegenüber dem Bezugskoordinatensystem gedreht wurde.

∎ **Beispiel 4.33**

Hier soll die Orientierung des Greifers in Lage 1 und Lage 2 aus Bild 3-15 beschrieben werden. Die Angaben beziehen sich auf die Achsen des Bezugskoordinatensystems.

Lage 1:
  - Drehung mit 90° um die z-Achse

$$RL1 \; = \; R(z, \, 90°) \; = \; \begin{pmatrix} 0 & -1 & 0 \\ 1 & 0 & 0 \\ 0 & 0 & 1 \end{pmatrix}$$

Lage 2:
  - Drehung mit 90° um die y-Achse

$$RL2 \; = \; R(y, \, 90°) \; = \; \begin{pmatrix} 0 & 0 & 1 \\ 0 & 1 & 0 \\ -1 & 0 & 0 \end{pmatrix}$$

Der Übergang von Orientierung 1 zu Orientierung 2 wurde in Abschnitt 3 beschrieben durch

- Drehung mit 90° um die y-Achse
- Drehung mit -90° um die x-Achse

$$R\ddot{U} = \begin{pmatrix} 1 & 0 & 0 \\ 0 & 0 & 1 \\ 0 & -1 & 0 \end{pmatrix} \cdot \begin{pmatrix} 0 & 0 & 1 \\ 0 & 1 & 0 \\ -1 & 0 & 0 \end{pmatrix} = \begin{pmatrix} 0 & 0 & 1 \\ -1 & 0 & 0 \\ 0 & -1 & 0 \end{pmatrix}$$

Und es ist

$$R\ddot{U} \cdot RL1 = \begin{pmatrix} 0 & 0 & 1 \\ -1 & 0 & 0 \\ 0 & -1 & 0 \end{pmatrix} \cdot \begin{pmatrix} 0 & -1 & 0 \\ 1 & 0 & 0 \\ 0 & 0 & 1 \end{pmatrix} = \begin{pmatrix} 0 & 0 & 1 \\ 0 & 1 & 0 \\ -1 & 0 & 0 \end{pmatrix}$$

$$= RL2$$

Wir können nun mehrere Rotationen durch Multiplikation der Rotationsmatrizen miteinander verknüpfen. Die Matrix ganz rechts repräsentiert dabei das Greiferkoordinatensystem, und wir interpretieren die Multiplikationen von rechts nach links. Dann beschreibt jede Multiplikation mit der nächsten linken Matrix eine Drehung in den Koordinaten des Bezugskoordinatensystems. Das gesamte Produkt gibt die endgültige Orientierung des Greiferkoordinatensystems an.

Die Multiplikationen können aber auch von links nach rechts interpretiert werden. In diesem Fall repräsentiert die Matrix ganz links das Greiferkoordinatensystem und die Multiplikation mit der nächsten rechten Matrix ist eine Drehung bezogen auf das durch die linksstehende Matrix definierte Koordinatensystem. Dies soll an einer Drehung um die z-Achse gezeigt werden. G sei die Matrix, deren Spalten eine Basis des Greiferkoordinatensystems bilden. Dann ist

$$G \cdot R(z, \varphi) = \begin{pmatrix} x_1 & x_2 & x_3 \\ y_1 & y_2 & y_3 \\ z_1 & z_2 & z_3 \end{pmatrix} \cdot \begin{pmatrix} \cos(\varphi) & -\sin(\varphi) & 0 \\ \sin(\varphi) & \cos(\varphi) & 0 \\ 0 & 0 & 1 \end{pmatrix}$$

$$= \begin{pmatrix} x_1 \cos(\varphi) + x_2 \sin(\varphi) & -x_1 \sin(\varphi) + x_2 \cos(\varphi) & x_3 \\ y_1 \cos(\varphi) + y_2 \sin(\varphi) & -y_1 \sin(\varphi) + y_2 \cos(\varphi) & y_3 \\ z_1 \cos(\varphi) + z_2 \sin(\varphi) & -z_1 \sin(\varphi) + z_2 \cos(\varphi) & z_3 \end{pmatrix}$$

$$= G_d \qquad\qquad\qquad\qquad (*4.28)$$

Der Basisvektor $\vec{g}_z$ von G bleibt unter der Multiplikation mit R(z, φ) invariant und die Spalten von G_d bilden wiederum die Basis eines Koordinatensystems. Die Länge der Spaltenvektoren ist 1, Die Spaltenvektoren stehen senkrecht aufeinander und bilden ein System nach der rechten Handregel. Der Winkel zwischen $\vec{g}_x$ und $\vec{g}_{dx}$ sowie zwischen $\vec{g}_y$ und $\vec{g}_{dy}$ ist φ.

Bei der Gleichung $G_d = G \cdot R$ kann die Matrix R in eine Matrix R1 transformiert werden, so daß durch die Multiplikation von G mit R1 von links dasselbe Resultat erzielt wird: $G_d = R1 \cdot G$.

Wir erhalten R1 aus

$$R1 \cdot G = G \cdot R$$

durch Auflösen nach R1:

$$R1 = G \cdot R \cdot G^{-1}$$

Man beachte aber, daß R1 von G abhängt!

■ **Beispiel 4.34**

Die Basis eines Greiferkoordinatensystems sei gegeben durch die Spalten der Matrix

$$G = \begin{pmatrix} 0 & 0 & 1 \\ 0 & 1 & 0 \\ -1 & 0 & 0 \end{pmatrix}$$

Wir wenden eine Drehung mit 90° um die z-Achse auf die durch G gegebene Basis an:

$$G_d = G \cdot R(z, \mathbf{90°})$$

$$= \begin{pmatrix} 0 & 0 & 1 \\ 0 & 1 & 0 \\ -1 & 0 & 0 \end{pmatrix} \cdot \begin{pmatrix} 0 & -1 & 0 \\ 1 & 0 & 0 \\ 0 & 0 & 1 \end{pmatrix} = \begin{pmatrix} 0 & 0 & 1 \\ 1 & 0 & 0 \\ 0 & 1 & 0 \end{pmatrix}$$

Als Inverse zu G wird

$$G^{-1} = \begin{pmatrix} 0 & 0 & -1 \\ 0 & 1 & 0 \\ 1 & 0 & 0 \end{pmatrix}$$

angegeben. (Offensichtlich ist $G \cdot G^{-1} = E$)

$$R1 = G \cdot R(z, 90°) \cdot G^{-1} = \begin{pmatrix} 1 & 0 & 0 \\ 0 & 0 & -1 \\ 0 & 1 & 0 \end{pmatrix}$$

und

$$G_d = R1 \cdot G = \begin{pmatrix} 0 & 0 & 1 \\ 1 & 0 & 0 \\ 0 & 1 & 0 \end{pmatrix}$$

Die Basis eines weiteren Koordinatensystems sei gegeben durch

$$B = \begin{pmatrix} 1 & 0 & 0 \\ 0 & 0 & -1 \\ 0 & 1 & 0 \end{pmatrix}$$

Dann ist

$$R1 \cdot B = \begin{pmatrix} 1 & 0 & 0 \\ 0 & -1 & 0 \\ 0 & 0 & -1 \end{pmatrix}$$

und wir sehen, daß die letzte Spalte von B, welche die z-Achse des Koordinatensystems bestimmt, nicht invariant ist bei dieser Multiplikation.

∎

4.2.2 Vom Winkelsatz zur Rotationsmatrix

Die Erzeugung einer Rotationsmatrix aus einem vorgegebenen Winkelsatz in der Euler-, Rpy- oder Xyz-Form ist Gegenstand dieses Abschnitts.

In der Eulerform wird die Orientierung durch nacheinander auszuführende Drehungen um die z-, die mitgedrehte y- und die mitgedrehte z-Achse beschrieben. Bild 4-8 zeigt ein Roboter-Handgelenk, dessen Achsanordnung den Eulerwinkeln entspricht. (Man beachte, daß die Schnittstellen der Drehachsen nicht im TCP liegen, was wir jedoch an dieser Stelle nicht weiter berücksichtigen.) In der Praxis sind viele Roboter-Handgelenke in einer den Euler-winkeln entsprechenden Anordnung oder in einer dazu ähnlichen Anordnung realisiert worden. Eine ähnliche Anordnung ist in Bild 4-9 zu sehen.

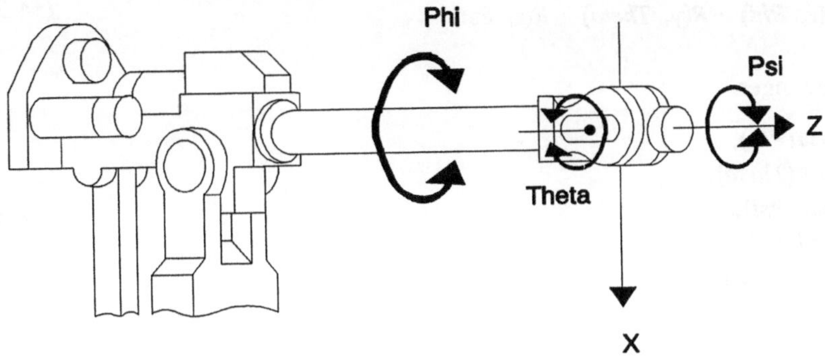

Bild 4-8: Handgelenk und Eulerwinkel

Nun können die Rotationsmatrizen für die einzelnen Drehungen aufgestellt werden und durch Multiplikation der Matrizen miteinander erhalten wir die Rotationsmatrix für die resultierende Gesamtdrehung. Da die Achsen, auf welche sich die Drehungen beziehen, mitgedreht werden, muß die Multiplikation von links nach rechts interpretiert werden. Die erste Drehung bezieht sich auf die Basis des Bezugssystems, welche durch die Einheitsmatrix E repräsentiert wird. Diese Matrix lassen wir auf der linken Seite weg, so daß wir

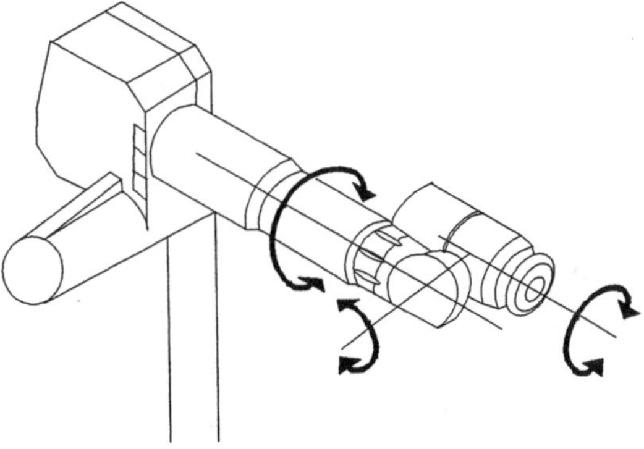

Bild 4-9: Handgelenk

erhalten:

$$R = R(z,\ Phi) \cdot R(y,\ Theta) \cdot R(z,\ Psi) \tag{*4.29}$$

Mit den Abkürzungen

$$\begin{aligned}
c_1 &= \cos(Phi), \\
c_2 &= \cos(Theta), \\
c_3 &= \cos(Psi), \\
s_1 &= \sin(Phi), \\
s_2 &= \sin(Theta), \\
s_3 &= \sin(Psi)
\end{aligned} \tag{*4.30}$$

wird (*4.29) zu

$$\begin{aligned}
R &= \begin{pmatrix} c_1 & -s_1 & 0 \\ s_1 & c_1 & 0 \\ 0 & 0 & 1 \end{pmatrix} \cdot \begin{pmatrix} c_2 & 0 & s_2 \\ 0 & 1 & 0 \\ -s_2 & 0 & c_2 \end{pmatrix} \cdot \begin{pmatrix} c_3 & -s_3 & 0 \\ s_3 & c_3 & 0 \\ 0 & 0 & 1 \end{pmatrix} \\[2mm]
&= \begin{pmatrix} c_1 c_2 c_3 - s_1 s_3 & -c_1 c_2 s_3 - s_1 c_3 & c_1 s_2 \\ s_1 c_2 c_3 + c_1 s_3 & -s_1 c_2 s_3 + c_1 c_3 & s_1 s_2 \\ -s_2 c_3 & s_2 s_3 & c_2 \end{pmatrix}
\end{aligned} \tag{*4.31}$$

Die Prozedur in ROBOT-Tools, welche zu den Eulerwinkeln die Rotationsmatrix liefert, heißt MakeRotEuler.

```
procedure MakeRotEuler ( var ROut    : Rotation;
                             Phi     : Real;
                             Theta   : Real;
                             Psi     : Real      );
```

Bedeutung der Parameter:

- ROut enthält die erzeugte Rotationsmatrix.
  Der neue Drehwinkel und der neue Drehachsenvektor werden nicht mitberechnet. Diese können mit GetXARot aktualisiert werden.
- Phi ist der erste Drehwinkel um die z-Achse in Grad.
- Theta ist der zweite Drehwinkel um die mitgedrehte y-Achse in Grad.
- Psi ist der dritte Drehwinkel um die mitgedrehte z-Achse in Grad.

■ **Beispiel 4.35**

Vorgegeben seien die Eulerwinkel

$$Phi = 10° \ , \quad Theta = 20° \ , \quad Psi = 30°$$

Dann berechnen sich die Abkürzungen (*4.30) auf vier Stellen nach dem Dezimalpunkt zu

$$c_1 = 0.9848 \ , \quad c_2 = 0.9397 \ , \quad c_3 = 0.8660$$

$$s_1 = 0.1736 \ , \quad s_2 = 0.3420 \ , \quad s_3 = 0.5$$

Die zu diesen Winkeln gehörende Rotationsmatrix ergibt sich nach (*4.31) zu

$$R = \begin{pmatrix} 0.7146 & -0.6131 & 0.3368 \\ 0.6337 & 0.7713 & 0.0594 \\ -0.2962 & 0.1710 & 0.9397 \end{pmatrix}$$

Im PRO-Tutor finden wir dieses Ergebnis bestätigt. Die zu MakeRotEuler gehörende Animation zeigt die Drehung um die resultierende Drehachse.

■

Sind die Winkel in der Rpy-Form gegeben, so erfolgt die Drehung um die z-Achse, die mitgedrehte y-Achse und die mitgedrehte x-Achse. Ein Roboter-Handgelenk, dessen Konstruktion der Rpy-Form entspricht, zeigt Bild 4-10. In der Praxis sind Handgelenke in dieser Anordnung seltener realisiert.

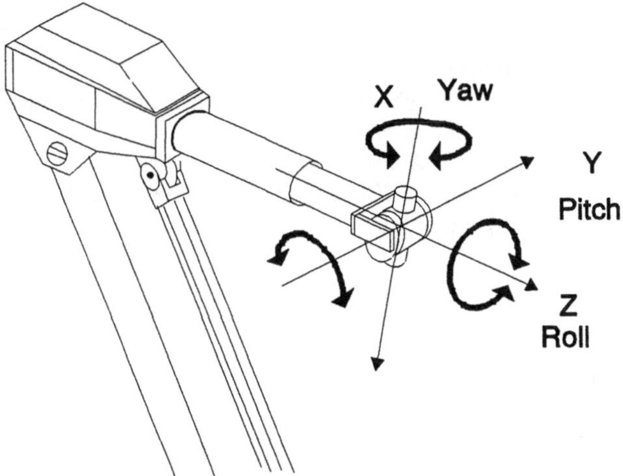

Bild 4-10: Handgelenk und Rpy-Winkel

Zu den einzelnen Drehungen werden wieder die Rotationsmatrizen aufgestellt und miteinander multipliziert. Da die Winkelangaben sich auf die mitgedrehten Achsen beziehen, wird
die Multiplikation wieder von links nach rechts interpretiert. Aus dem PRO-Tutor übernehmen wir die Zuordnung von Drehwinkel zu Drehachse und wir erhalten

$$R = R(z, Psi) \cdot R(y, Theta) \cdot R(x, Phi) \tag{*4.32}$$

Mit den Abkürzungen von (*4.30) ergibt sich

$$R = \begin{pmatrix} c_3 & -s_3 & 0 \\ s_3 & c_3 & 0 \\ 0 & 0 & 1 \end{pmatrix} \cdot \begin{pmatrix} c_2 & 0 & s_2 \\ 0 & 1 & 0 \\ -s_2 & 0 & c_2 \end{pmatrix} \cdot \begin{pmatrix} 1 & 0 & 0 \\ 0 & c_1 & -s_1 \\ 0 & s_1 & c_1 \end{pmatrix}$$

$$= \begin{pmatrix} c_3 c_2 & -s_3 c_1 + c_3 s_2 s_1 & s_3 s_1 + c_3 s_2 c_1 \\ s_3 c_2 & c_3 c_1 + s_3 s_2 s_1 & -c_3 s_1 + s_3 s_2 c_1 \\ -s_2 & c_2 s_1 & c_2 c_1 \end{pmatrix} \tag{*4.33}$$

Die Berechnung der Rotationsmatrix aus den Rpy-Winkeln wird mit der Prozedur
MakeRotRpy durchgeführt.

```
procedure MakeRotRpy ( var ROut    : Rotation;
                           Phi     : Real;
                           Theta   : Real;
                           Psi     : Real     );
```

Bedeutung der Parameter:

* ROut enthält die erzeugte Rotationsmatrix.
  Der neue Drehwinkel und der neue Drehachsenvektor werden nicht mitberechnet.
  Diese können mit GetXARot aktualisiert werden.
* Psi ist der erste Drehwinkel um die z-Achse in Grad.
* Theta ist der zweite Drehwinkel um die mitgedrehte y-Achse in Grad.
* Phi ist der dritte Drehwinkel um die mitgedrehte x-Achse in Grad.

■ Beispiel 4.36

Vorgegeben seien die Rpy-Winkel

$$Phi = 45° \ , \quad Theta = 10° \ , \quad Psi = 40°$$

Dann berechnen sich die Abkürzungen (*4.30) auf vier Stellen nach dem Dezimalpunkt
zu

$$c_1 = 0.7071 \ , \quad c_2 = 0.9848 \ , \quad c_3 = 0.7660$$
$$s_1 = 0.7071 \ , \quad s_2 = 0.1736 \ , \quad s_3 = 0.6428$$

Die zugehörige Rotationsmatrix nach (*4.33) ist

$$R = \begin{pmatrix} 0.7544 & -0.3605 & 0.5486 \\ 0.6330 & 0.6206 & -0.4627 \\ -0.1736 & 0.6964 & 0.6964 \end{pmatrix}$$

Dieses Ergebnis kann wiederum mit dem PRO-Tutor nachvollzogen werden.

∎

Bei der Xyz-Form der Orientierungsbeschreibung beziehen sich die Winkelangaben auf die z-, y- und x-Achse des Bezugskoordinatensystems. Die Verknüpfung der einzelnen Rotationsmatrizen durch Multiplikation muß nunmehr von rechts nach links interpretiert werden.

$$R = R(x, \; Phi) \cdot R(y, \; Theta) \cdot R(z, \; Psi) \tag{*4.34}$$

Mit den Abkürzungen von (*4.30) ergibt sich

$$R = \begin{pmatrix} 1 & 0 & 0 \\ 0 & c_1 & -s_1 \\ 0 & s_1 & c_1 \end{pmatrix} \cdot \begin{pmatrix} c_2 & 0 & s_2 \\ 0 & 1 & 0 \\ -s_2 & 0 & c_2 \end{pmatrix} \cdot \begin{pmatrix} c_3 & -s_3 & 0 \\ s_3 & c_3 & 0 \\ 0 & 0 & 1 \end{pmatrix}$$

$$= \begin{pmatrix} c_2 c_3 & -c_2 s_3 & s_2 \\ s_1 s_2 c_3 + c_1 s_3 & -s_1 s_2 s_3 + c_1 c_3 & -s_1 c_2 \\ -c_1 s_2 c_3 + s_1 s_3 & c_1 s_2 s_3 + s_1 c_3 & c_1 c_2 \end{pmatrix} \tag{*4.35}$$

Die Prozedur zur Berechnung der Rotationsmatrix aus den Xyz-Winkeln ist MakeRotXyz.

```
procedure MakeRotXyz ( var ROut      : Rotation;
                           Phi       : Real;
                           Theta     : Real;
                           Psi       : Real      );
```

Bedeutung der Parameter:

- ROut enthält die erzeugte Rotationsmatrix.
  Der neue Drehwinkel und der neue Drehachsenvektor werden nicht mitberechnet. Diese können mit GetXARot aktualisiert werden.
- Psi ist der erste Drehwinkel um die z-Achse in Grad.
- Theta ist der zweite Drehwinkel um die y-Achse des Bezugskoordinatensystems in Grad.
- Phi ist der dritte Drehwinkel um die x-Achse des Bezugskoordinatensystems in Grad.

∎ **Beispiel 4.37**

Vorgegeben seien die Xyz-Winkel

$$Phi = 45° \; , \quad Theta = 90° \; , \quad Psi = 120°$$

Dann berechnen sich die Abkürzungen (*4.30) auf vier Stellen nach dem Dezimalpunkt zu

$$c_1 = 0.7071 \; , \quad c_2 = 0.0 \; , \quad c_3 = -0.5$$
$$s_1 = 0.7071 \; , \quad s_2 = 1.0 \; , \quad s_3 = 0.8660$$

Die zugehörige Rotationsmatrix nach (*4.35) ist

$$R = \begin{pmatrix} 0 & 0 & 1.0 \\ 0.2588 & -0.9659 & 0 \\ 0.9659 & 0.2588 & 0 \end{pmatrix}$$

Auch dieses Ergebnis kann mit dem PRO-Tutor nachvollzogen werden. ∎

4.2.3 Von der Rotationsmatrix zum Winkelsatz

Nachdem aus gegebenen Winkelsätzen die resultierende Rotationsmatrix berechnet wurde, soll hier der umgekehrte Weg beschritten werden. Aus einer Rotationsmatrix sind die Eulerwinkel zu berechnen, welche die durch die Rotationsmatrix gegebene Orientierung bestimmen. Die Rotationsmatrix sei

$$R = \begin{pmatrix} r_{11} & r_{12} & r_{13} \\ r_{21} & r_{22} & r_{23} \\ r_{31} & r_{32} & r_{33} \end{pmatrix}$$

In (*4.29) multiplizieren wir beide Seiten mit der zu R(z, Phi) inversen Matrix R^{-1}(z, Phi) von links und erhalten

$$R^{-1}(z, Phi) \cdot R = R(y, Theta) \cdot R(z, Psi) \tag{*4.36}$$

Die inverse Matrix beschreibt eine Drehung um die z-Achse mit dem Winkel -Phi, also ist mit den Abkürzungen von (*4.30):

$$R^{-1}(z, Phi) = \begin{pmatrix} c_1 & s_1 & 0 \\ -s_1 & c_1 & 0 \\ 0 & 0 & 1 \end{pmatrix}$$

Allgemein ergibt sich die inverse Matrix R^{-1} zu einer Rotationsmatrix R gerade als deren Transponierte. In Abschnitt 4.2.1 wurden die Spalten einer Rotationsmatrix auch als Basisvektoren eines Greiferkoordinatensystems interpretiert, das heißt, die Spaltenvektoren haben die Länge 1 und sie stehen senkrecht aufeinander. Das Skalarprodukt ist also 1, wenn ein Spaltenvektor mit sich selbst multipliziert wird und 0, wenn zwei unterschiedliche Spaltenvektoren miteinander multipliziert werden. Damit gilt

$$R^T \cdot R = E \tag{*4.37}$$

Mit den Abkürzungen aus (*4.30) wird (*4.36) zu

$$\begin{pmatrix} c_1 & s_1 & 0 \\ -s_1 & c_1 & 0 \\ 0 & 0 & 1 \end{pmatrix} \cdot \begin{pmatrix} r_{11} & r_{12} & r_{13} \\ r_{21} & r_{22} & r_{23} \\ r_{31} & r_{32} & r_{33} \end{pmatrix}$$

$$= \begin{pmatrix} c_2 & 0 & s_2 \\ 0 & 1 & 0 \\ -s_2 & 0 & c_2 \end{pmatrix} \cdot \begin{pmatrix} c_3 & -s_3 & 0 \\ s_3 & c_3 & 0 \\ 0 & 0 & 1 \end{pmatrix}$$

Multiplikation der Matrizen miteinander ergibt

$$\begin{pmatrix} c_1 r_{11} + s_1 r_{21} & c_1 r_{12} + s_1 r_{22} & c_1 r_{13} + s_1 r_{23} \\ -s_1 r_{11} + c_1 r_{21} & -s_1 r_{12} + c_1 r_{22} & -s_1 r_{13} + c_1 r_{23} \\ r_{31} & r_{32} & r_{33} \end{pmatrix}$$

$$= \begin{pmatrix} c_2 c_3 & -c_2 s_3 & s_2 \\ s_3 & c_3 & 0 \\ -s_2 c_3 & s_2 s_3 & c_2 \end{pmatrix} \tag{*4.38}$$

Für die Elemente mit den Indizes (2,3) auf beiden Seiten erhält man die Gleichung

$$-s_1 r_{13} + c_1 r_{23} = 0$$

oder umgeformt

$$\frac{\sin(Phi)}{\cos(Phi)} = \frac{r_{23}}{r_{13}}$$

und damit

$$\tan(Phi) = \frac{r_{23}}{r_{13}} \tag{*4.39}$$

Die Standardfunktion ArcTan aus Pascal liefert den Hauptwert, hat also als Wertebereich das offene Intervall $(-\pi/2, \pi/2)$. Da die Argumente $\dfrac{r_{23}}{r_{13}}$ und $\dfrac{-r_{23}}{-r_{13}}$ denselben Hauptwert liefern, erweitern wir die Funktion durch die Definition

$$
\operatorname{atan}\!\left(\frac{a}{b}\right) :=
\begin{cases}
\operatorname{ArcTan}\!\left(\dfrac{a}{b}\right) & \text{für } b > 0 \\[2mm]
\pi/2 & \text{für } b = 0,\ a > 0 \\[2mm]
\text{undefiniert} & \text{für } b = 0,\ a = 0 \\[2mm]
-\pi/2 & \text{für } b = 0,\ a < 0 \\[2mm]
\pi + \operatorname{ArcTan}\!\left(\dfrac{a}{b}\right) & \text{für } b < 0
\end{cases}
$$

Aus (*4.39) wird damit

$$
Phi = \operatorname{atan}\!\left(\frac{r_{23}}{r_{13}}\right) \tag{*4.40}
$$

Der Fall $r_{23} = r_{13} = 0$ wird einige Zeilen weiter behandelt.

Für die Elemente mit den Indizes (1,3) und (3,3) aus (*4.38) ergibt sich

$$s_2 = c_1 r_{13} + s_1 r_{23}$$

$$c_2 = r_{33}$$

oder

$$
\frac{\sin(Theta)}{\cos(Theta)} = \frac{\cos(Phi)r_{13} + \sin(Phi)r_{23}}{r_{33}}
$$

und

$$
Theta = \operatorname{atan}\!\left(\frac{\cos(Phi)r_{13} + \sin(Phi)r_{23}}{r_{33}}\right) \tag{*4.41}
$$

Den Winkel Psi berechnet man aus den Elementen in (*4.38) mit den Indizes (2,1) und (2,2):

$$s_3 = -s_1 r_{11} + c_1 r_{21}$$

$$c_3 = -s_1 r_{12} + c_1 r_{22}$$

oder

$$\frac{\sin(Psi)}{\cos(Psi)} = \frac{-\sin(Phi)r_{11} + \cos(Phi)r_{21}}{-\sin(Phi)r_{12} + \cos(Phi)r_{22}}$$

und

$$Psi = \text{atan}\left(\frac{-\sin(Phi)r_{11} + \cos(Phi)r_{21}}{-\sin(Phi)r_{12} + \cos(Phi)r_{22}}\right) \tag{*4.42}$$

In einer Rotationsmatrix kann der Fall $r_{23} = r_{13} = 0$ eintreten. Die rechte Seite von (*4.40) ist für diese Werte nicht definiert. Die Spaltenvektoren einer Rotationsmatrix haben nun die Länge 1, wie zu Beginn dieses Abschnitts festgestellt wurde, und damit muß dann $r_{33} = 1$ oder $r_{33} = -1$ sein. Aus (*4.41) ergibt sich für diese Werte

$$Theta = 0° \quad \textbf{oder} \quad Theta = 180°$$

Aus Bild 4-8 erkennt man, daß die Orientierung für die angegebenen Werte von Theta entweder technisch nicht angenommen werden kann, oder durch die Summe von Phi und Psi bestimmt ist. In diesem Fall kann Phi willkürlich gewählt werden und anschließend wird damit Psi berechnet.

ROBOT-Tools stellt für die Berechnung der Eulerwinkel aus einer gegebenen Rotationsmatrix die Prozedur GetEulerRot zur Verfügung.

```
procedure GetEulerRot ( var Phi      : Real;
                        var Theta    : Real;
                        var Psi      : Real;
                        var RIn      : Rotation );
```

Bedeutung der Parameter:

- Phi ist der erste Eulerwinkel in Grad um die z-Achse, der aus der Rotationsmatrix von RIn berechnet wird.
- Theta ist der zweite Eulerwinkel in Grad um die mitgedrehte y-Achse, der aus der Rotationsmatrix von RIn berechnet wird.
- Psi ist der dritte Eulerwinkel in Grad um die mitgedrehte z-Achse, der aus der Rotationsmatrix von RIn berechnet wird.
- RIn enthält die Rotationsmatrix, aus welcher Phi, Theta und Psi berechnet werden.

- **Beispiel 4.38**

Gegeben sei die Rotationsmatrix

$$R = \begin{pmatrix} 0.7146 & -0.6131 & 0.3368 \\ 0.6337 & 0.7713 & 0.0594 \\ -0.2962 & 0.1710 & 0.9397 \end{pmatrix}$$

Zu berechnen sind die Eulerwinkel auf vier Stellen hinter dem Dezimalpunkt. Nach (*4.40), (*4.41) und (*4.42) ist

$$Phi \ = \ \text{atan} \left(\frac{0.0594}{0.3368} \right) \ = \ 10.0022°$$

$$Theta \ = \ \text{atan} \left(\frac{\cos(10.0022°)r_{13} \ + \ \sin(10.0022°)r_{23}}{r_{33}} \right)$$

$$= \ 19.9987°$$

$$Psi \ = \ \text{atan} \left(\frac{-\sin(10.0022°)r_{11} \ + \ \cos(10.0022°)r_{21}}{-\sin(10.0022°)r_{12} \ + \ \cos(10.0022°)r_{22}} \right)$$

$$= \ 29.9965°$$

Die vorgegebene Rotationsmatrix dieses Beispiels ist die Rotationsmatrix aus Beispiel 4.35, welche dort aus den Eulerwinkeln Phi = 10°, Theta = 20°, Psi = 30° berechnet wurde.

Auf Grund von Rundungsfehlern erhalten wir diese Winkel nicht exakt zurück. Die Rundungsfehler lassen sich verringern, wenn mit einer höheren Genauigkeit gerechnet wird. Bei längeren Berechnungen können zusätzlich Normierungsalgorithmen verwendet werden. So weiß man zum Beispiel, daß die Spaltenvektoren einer Rotationsmatrix immer die Länge 1 haben müssen, ferner ist die Determinante einer Rotationsmatrix immer 1.

Im PRO-Tutor können wir die Rotation rot0 mit der Matrix dieses Beispiels zunächst mit MakeRotEuler erzeugen. Anschließend verwenden wir diese Rotation als Eingabeparameter der Prozedur GetEulerRot. Im Ergebnisfenster finden wir als Winkel angegeben

10°, 20°, 30°

Die Algorithmen arbeiten intern mit mehr als den vier für rot0 in der Anzeige angegebenen Stellen hinter dem Dezimalpunkt und damit erhält man im PRO-Tutor in diesem Fall die exakten Werte zurück.

∎

Mit den gleichen Überlegungen wie zu den Eulerwinkeln lassen sich die Rpy-Winkel aus einer gegebenen Rotationsmatrix bestimmen. Es sei wieder

$$R \ = \ \begin{pmatrix} r_{11} & r_{12} & r_{13} \\ r_{21} & r_{22} & r_{23} \\ r_{31} & r_{32} & r_{33} \end{pmatrix}$$

und in der Gleichung (*4.32) werden beide Seiten mit $R^{-1}(z, Psi)$ multipliziert:

$$R^{-1}(z,\ Psi) \cdot R = R(y,\ Theta) \cdot R(x,\ Phi) \qquad (*4.43)$$

Die rechte Seite ist identisch mit der rechten Seite von (*4.36) und man erhält

$$\begin{pmatrix} c_3 & s_3 & 0 \\ -s_3 & c_3 & 0 \\ 0 & 0 & 1 \end{pmatrix} \cdot \begin{pmatrix} r_{11} & r_{12} & r_{13} \\ r_{21} & r_{22} & r_{23} \\ r_{31} & r_{32} & r_{33} \end{pmatrix} = \begin{pmatrix} c_2 & s_2 s_1 & s_2 c_1 \\ 0 & c_1 & -s_1 \\ -s_2 & c_2 s_1 & c_2 c_1 \end{pmatrix}$$

und durch Multiplikation der Matrizen auf der linken Seite

$$\begin{pmatrix} c_3 r_{11} + s_3 r_{21} & c_3 r_{12} + s_3 r_{22} & c_3 r_{13} + s_3 r_{23} \\ -s_3 r_{11} + c_3 r_{21} & -s_3 r_{12} + c_3 r_{22} & -s_3 r_{13} + c_3 r_{23} \\ r_{31} & r_{32} & r_{33} \end{pmatrix}$$

$$= \begin{pmatrix} c_2 & s_2 s_1 & s_2 c_1 \\ 0 & c_1 & -s_1 \\ -s_2 & c_2 s_1 & c_2 c_1 \end{pmatrix} \qquad (*4.44)$$

Für die Elemente mit den Indizes (2,1) auf beiden Seiten erhält man nun die Gleichung

$$s_3 r_{11} + c_3 r_{21} = 0$$

oder umgeformt

$$\frac{\sin(Psi)}{\cos(Psi)} = \frac{r_{21}}{r_{11}}$$

und damit

$$\tan(Psi) = \frac{r_{21}}{r_{11}} \qquad (*4.45)$$

Die Auflösung nach Psi ergibt

$$Psi = \operatorname{atan}\left(\frac{r_{21}}{r_{11}}\right) \qquad (*4.46)$$

Für die Elemente mit den Indizes (1,1) und (3,1) erhält man das Gleichungssystem

$$s_2 = -r_{31}$$

$$c_2 = c_3 r_{11} + s_3 r_{21}$$

oder

$$\frac{\sin(\mathit{Theta})}{\cos(\mathit{Theta})} = \frac{-r_{31}}{\cos(\mathit{Psi})r_{11} + \sin(\mathit{Psi})r_{21}}$$

und

$$\mathit{Theta} = \text{atan}\left(\frac{-r_{31}}{\cos(\mathit{Psi})r_{11} + \sin(\mathit{Psi})r_{21}}\right) \tag{*4.47}$$

Zur Berechnung des Winkels Phi erhält man aus den Elementen mit den Indizes (2,2) und (2,3) in (*4.44) das Gleichungssystem

$$s_1 = s_3 r_{13} - c_3 r_{23}$$

$$c_1 = -s_3 r_{12} + c_3 r_{22}$$

oder

$$\frac{\sin(\mathit{Phi})}{\cos(\mathit{Phi})} = \frac{\sin(\mathit{Psi})r_{13} - \cos(\mathit{Psi})r_{23}}{-\sin(\mathit{Psi})r_{12} + \cos(\mathit{Psi})r_{22}}$$

und

$$\mathit{Phi} = \text{atan}\left(\frac{\sin(\mathit{Psi})r_{13} - \cos(\mathit{Psi})r_{23}}{-\sin(\mathit{Psi})r_{12} + \cos(\mathit{Psi})r_{22}}\right) \tag{*4.48}$$

In einer Rotationsmatrix kann $r_{11} = r_{21} = 0$ sein. Dann ist die rechte Seite von (*4.45) nicht definiert. In diesem Fall muß $r_{31} = 1$ oder $r_{31} = -1$ sein, da Spaltenvektoren in einer Rotationsmatrix die Länge 1 haben. Aus (*4.47) ergibt sich für diese Werte

Theta = 90° oder Theta = -90°

Man kann sich nun anhand von Bild 4-10 überlegen, daß die Orientierung dann durch die Summe von Phi und Psi bestimmt ist und Phi kann willkürlich auf 0 gesetzt werden.

Die Prozedur in ROBOT-Tools zur Berechnung der Rpy-Winkel aus einer gegebenen Rotationsmatrix heißt GetRpyRot.

```
procedure GetRpyRot ( var Phi      : Real;
                      var Theta    : Real;
                      var Psi      : Real;
                      var RIn      : Rotation );
```

Bedeutung der Parameter:

- Psi ist der erste Rpy-Winkel in Grad um die z-Achse, der aus der Rotationsmatrix von RIn berechnet wird.
- Theta ist der zweite Rpy-Winkel in Grad um die mitgedrehte y-Achse, der aus der Rotationsmatrix von RIn berechnet wird.
- Phi ist der dritte Rpy-Winkel in Grad um die mitgedrehte x-Achse, der aus der Rotationsmatrix von RIn berechnet wird.
- RIn enthält die Rotationsmatrix, aus welcher Phi, Theta und Psi berechnet werden.

■ **Beispiel 4.39**

Gegeben sei die Matrix

$$R = \begin{pmatrix} 0.7544 & -0.3605 & 0.5486 \\ 0.6330 & 0.6206 & -0.4627 \\ -0.1736 & 0.6964 & 0.6964 \end{pmatrix}$$

Zu berechnen sind die Rpy-Winkel auf vier Stellen hinter dem Dezimalpunkt. Nach (*4.46), (*4.47) und (*4.48) ist

$$Psi = \text{atan}\left(\frac{0.6330}{0.7544}\right) = 39.9993°$$

$$Theta = \text{atan}\left(-\frac{r_{31}}{\cos(39.9993°)r_{11} + \sin(39.9993°)r_{21}}\right)$$

$$= 9.9975°$$

$$Psi = \text{atan}\left(\frac{\sin(39.9993°)r_{13} - \cos(39.9993°)r_{23}}{-\sin(39.9993°)r_{12} + \cos(39.9993°)r_{22}}\right)$$

$$= 44.9978°$$

Die vorgegebene Rotationsmatrix aus diesem Beispiel ist die Rotationsmatrix aus Beispiel 4.37, welche dort aus den Rpy-Winkeln Phi = 45°, Theta = 10°, Psi = 40° berechnet wurde. Auch hier bemerken wir nach der Rückrechnung geringfügige Rundungsfehler, da nur mit vier Stellen nach dem Dezimalpunkt gerechnet wurde.

Dieses Beispiel kann mit dem PRO-Tutor nachvollzogen werden, wobei zunächst eine geeignete Rotation mit MakeRotRpy erzeugt werden muß.

■

Die Berechnung der Xyz-Winkel aus einer gegebenen Rotationsmatrix erfolgt nach demselben Schema wie für die Euler- und Rpy-Winkel, so daß auf die Herleitung verzichtet wird. Im Programm steht zur Berechnung der Xyz-Winkel die Prozedur GetXyzRot zur Verfügung.

```
procedure GetXyzRot ( var Phi      : Real;
                       var Theta    : Real;
                       var Psi      : Real;
                       var RIn      : Rotation );
```

Bedeutung der Parameter:

- Psi ist der erste Xyz-Winkel in Grad um die z-Achse, der aus der Rotationsmatrix von RIn berechnet wird.
- Theta ist der zweite Xyz-Winkel in Grad um die y-Achse des Bezugssystems, der aus der Rotationsmatrix von RIn berechnet wird.
- Phi ist der dritte Xyz-Winkel in Grad um die x-Achse des Bezugssystems, der aus der Rotationsmatrix von RIn berechnet wird.
- RIn enthält die Rotationsmatrix, aus welcher Phi, Theta und Psi berechnet werden.

■ **Beispiel 4.40**

Mit der Prozedur MakeRotXA erzeugen wir eine Rotation um den Vektor $\vec{d} = (1.0, 1.0, 1.0)$ mit 45.0°. Wir erhalten die Rotationsmatrix

$$R = \begin{pmatrix} 0.8047 & -0.3106 & 0.5059 \\ 0.5059 & 0.8047 & -0.3106 \\ -0.3106 & 0.5059 & 0.8047 \end{pmatrix}$$

Nun verwende man die erzeugte Rotation als Eingabeparameter für die Prozedur Get-XyzRot und man erhält im Ergebnisfenster des PRO-Tutors die zugehörigen Xyz-Winkel angezeigt.

■

4.3 Frames

4.3.1 Generierung und Translation eines Frames

Die Lage eines Roboters, das heißt Position und Orientierung, wird mit einer Variablen vom Typ Frame beschrieben. Mit zwei Prozeduren aus ROBOT-Tools kann man einen Frame erstellen.

```
procedure MakeFrame ( var FOut : Frame;
                       var RIn  : Rotation;
                       var VIn  : Vector  );
```

Bedeutung der Parameter:

- FOut ist der Name der zu erzeugenden Frame-Variablen.
- RIn ist die Rotation, welche die Orientierung bestimmt.
- VIn ist der Vektor, welcher die Position bestimmt.

```
procedure SetFrame ( var FOut  : Frame;
                     var VIn   : Vector;
                         SIn   : Real;
                         x_Pos : Real;
                         y_Pos : Real;
                         z_Pos : Real  );
```

Bedeutung der Parameter:

- FOut ist der Name der zu erzeugenden Frame-Variablen.
- VIn und SIn sind Drehachsenvektor und Drehwinkel, welche die Orientierung bestimmen.
- x_Pos, y_Pos, z_Pos sind die Komponenten des Vektors, welcher die Position bestimmt.

Für die Eingabe eines Frames gibt es die Prozedur ReadFrame.

```
procedure ReadFrame (     Device : DeviceType;
                          Form   : FormType;
                      var FIn    : Frame      );
```

Bedeutung der Parameter:

- Der DeviceType wurde in Abschnitt 3.4 aufgeführt. Zulässig sind für diese Prozedur die Werte Console, Textfile, Framefile und sämtliche Roboterdevices.
- Der Formtype gibt die Darstellungsform der Rotation an. Er wurde ebenfalls in Abschnitt 3.4 aufgeführt.
- FIn ist der Name der einzulesenden Frame-Variablen.

Werden mit ReadFrame Werte vom Framefile oder von einem Roboterdevice gelesen, so hat der Parameter Form keine Bedeutung.

Beim Einlesen eines Frames von einem Roboterdevice erhält man die aktuelle Lage des Roboters.

Für die Ausgabe eines Frames gibt es die Prozedur WriteFrame.

```
procedure WriteFrame (     Device : DeviceType;
                           Form   : FormType;
                       var FOut   : Frame      );
```

Bedeutung der Parameter:

- Der DeviceType wurde in Abschnitt 3.4 aufgeführt. Zulässig sind für diese Prozedur die Werte Textfile, Console, StdErr, NullDevice, Framefile und sämtliche Roboterdevices.
- Der Formtype gibt die Darstellungsform der Rotation an. Er wurde ebenfalls in Abschnitt 3.4 aufgeführt.
- FOut ist der Name der auszugebenden Frame-Variablen.

Der Parameter Form ist bei der Ausgabe auf das Device FrameFile und auf die Roboterdevices ohne Bedeutung. Bei der Ausgabe auf das Device FrameFile wird der Frame in der gleichen Form abgespeichert, in welcher er intern vorliegt.

Bei der Ausgabe auf ein Roboterdevice bewirkt die Prozedur WriteFrame eine Point-to-Point Bewegung des Roboters (siehe Abschnitt 5) zu der durch FOut beschriebenen Lage. Es sei darauf hingewiesen, daß die Erzeugung eines Frames selbst noch keine Bewegung eines Roboters veranlaßt. In Abschnitt 5 werden die zur Bewegung notwendigen Steuerungsprozeduren beschrieben. WriteFrame dient nur selten zur Steuerung des Roboters.

■   **Beispiel 4.41**

Ein Programmstück, welches mit MakeFrame und SetFrame zwei Lagen definiert und den Roboter Robot1 zu diesen Lagen steuert, ist nachfolgend angegeben.

```
var
  Roboter_Lage                              : Frame;
  Roboter_Orientierung                      : Rotation;
  Roboter_Position                          : Vector;
  Check                                     : Boolean;

begin
{ Lage 1 }
  MakeVec(Roboter_Position, 29.0, 0.0, 15.0);
  Check := MakeRotXA(Roboter_Orientierung, YAxis, 90.0);
  if Check = true then begin
    MakeFrame(Roboter_Lage, Roboter_Orientierung,
                            Roboter_Position     );
    WriteFrame(Console, AxisAngle, Roboter_Lage);
    WriteFrame(Robot1 , Matrix   , Roboter_Lage);
  end
  else begin
    Writeln
        ('Bei MakeRotXA wurde der Nullvektor eingegeben');
  end;
{ Lage 2 }
  SetFrame(Roboter_Lage, YAxis, 45.0, 29.0, 1.0, 15.0);
  WriteFrame(Console, AxisAngle, Roboter_Lage);

  WriteFrame(Robot1 , Matrix   , Roboter_Lage);
end.
```

Die Einheiten der Parameter sind implementierungsabhängig und hier nicht angegeben. Die Abarbeitung der Make- und Set-Prozeduren kann mit dem PRO-Tutor nachvollzogen werden, wobei die Variablennamen entsprechend den möglichen Vorgaben aus dem PRO-Tutor gewählt werden müssen. Als Wert für die Roboter-Position nehme man (2.9, 0.0, 1.5). Die Graphik-Option bei Aufruf von MakeFrame und SetFrame zeigt dann die jeweilige Lage gut sichtbar an, indem für das Effektorkoordinatensystem zunächst die Translation um den Vektor (2.9, 0.0, 1.5) aus dem Bezugskoordinatensystem heraus gezeigt wird, gefolgt von einer der Roboter-Orientierung entsprechenden Drehung.

■

■ **Beispiel 4.42**

Gegeben sei eine Fläche durch die Punktrichtungsform (*4.9):

$$\vec{q} = \vec{w} + \lambda\vec{v} + \mu\vec{u}$$

mit

$$\vec{w} = \begin{pmatrix} 100.0 \\ 0.0 \\ 20.0 \end{pmatrix}, \quad \vec{v} = \begin{pmatrix} 0.0 \\ 100.0 \\ 0.0 \end{pmatrix}, \quad \vec{u} = \begin{pmatrix} -25.0 \\ 0.0 \\ 70.0 \end{pmatrix}$$

Die Einheit sei cm.

Ein Greiferkoordinatensystem werde durch einen Frame so beschrieben, daß die g_z-Achse senkrecht auf die Fläche zeigt und die g_y-Achse parallel zur x-y-Ebene ist. Der TCP habe einen Abstand von 7 cm zur Fläche und die Position sei so gewählt, daß der Vektor $\vec{g}_z$ auf den durch den Ortsvektor $\vec{w}$ definierten Punkt zeigt.

Den Frame generieren wir durch direkte Bestimmung der Record-Komponenten. Ein entsprechendes Programmstück hat folgendes Aussehen:

```
label
  9999;

var
  u, v, w : Vector;
  n       : Vector;   { Normalenvektor        }
  Abstand : Vector;   { Abstand zur Fläche    }
  G_Frame : Frame;
  Check   : Boolean;  { Kontrolle für NormVec }
begin

{ Initialisierung: }
  MakeVec(u, -25.0, 0.0, 70.0);
  MakeVec(v, 0.0, 100.0, 0.0);
  MakeVec(w, 100.0, 0.0, 20.0);

{ Orientierung: }
  CrossVec(n, v, u);
  Check := NormVec(G_Frame.Rot.Matrix.a, n);
  if ( Check = false ) then begin
    writeln('n ist der Nullvektor !');
    goto 9999; { Programm-Ende }
  end;
  G_Frame.Rot.Matrix.o := YAxis; { v ist parallel zur
                                   y-Achse            }
  CrossVec(G_Frame.Rot.Matrix.t,
           G_Frame.Rot.Matrix.o,
           G_Frame.Rot.Matrix.a);

  G_Frame.Rot.Axis_Updated  := false;
  G_Frame.Rot.Angle_Updated := false;
```

```
{ Position: }
  MulVec(Abstand, G_Frame.Rot.Matrix.a, -7.0);
  AddVec(G_Frame.Transl, w, Abstand);

9999: writeln('Programm-Ende');
end.
```

Die Zusammenfassung von Position und Orientierung kann auch mathematisch realisiert werden. Hierzu führen wir *homogene Koordinaten* und *homogene Matrizen* ein. Diese Begriffe kommen aus der Projektiven Geometrie und für die Lagebeschreibung von Robotern wird nur ein Teil der vielen Möglichkeiten benutzt, welche homogene Koordinaten und Matrizen bieten [RO1].

Ortsvektoren des TCP werden um eine vierte Koordinate erweitert und diese Koordinate wird auf 1 gesetzt. Die homogenen Koordinaten der Roboter-Position für die Lage 1 in Beispiel 4.41 sind dann

$$\begin{pmatrix} 29.0 \\ 0.0 \\ 15.0 \\ 1.0 \end{pmatrix}$$

Homogene Matrizen im Bereich der Lagebeschreibung von Robotern sind 4×4-Matrizen mit der folgenden Struktur:

$$\left(\begin{array}{ccc|c} & & & s_x \\ 3 \times 3\text{-} & & & s_y \\ \text{Rotations-} & & & \\ \text{matrix} & & & s_z \\ \hline 0 & 0 & 0 & 1 \end{array} \right) \qquad (*4.49)$$

Der obere linke 3×3-Teil der Matrix wird als Rotationsmatrix interpretiert, das heißt, die Zahlen müssen den Bedingungen einer Rotationsmatrix genügen. Die Elemente s_x, s_y und s_z beschreiben eine Translation. Betrachten wir

$$s_h = \begin{pmatrix} s_x \\ s_y \\ s_z \\ 1 \end{pmatrix}$$

als homogene Koordinaten eines Positionsvektors, so lassen sich homogene Matrizen der Form (*4.49) und Frames umkehrbar eindeutig aufeinander abbilden.

Homogene Matrizen können auch als Operatoren interpretiert werden. Multipliziert man einen Ortsvektor $\vec{u}$ mit einer homogenen Matrix von links, so entsteht ein Vektor $\vec{v}$, welcher ebenfalls homogene Koordinaten hat.

$$\begin{pmatrix} r_{11} & r_{12} & r_{13} & s_x \\ r_{21} & r_{22} & r_{23} & s_y \\ r_{31} & r_{32} & r_{33} & s_z \\ 0 & 0 & 0 & 1 \end{pmatrix} \cdot \begin{pmatrix} u_x \\ u_y \\ u_z \\ 1 \end{pmatrix} = \begin{pmatrix} v_x \\ v_y \\ v_z \\ 1 \end{pmatrix} \qquad (*4.50)$$

Die Basisvektoren eines Greiferkoordinatensystems im dreidimensionalen Raum sind ortsgebundene Vektoren, deren Anfang im TCP liegt. Diese erweitern wir mit einer 0:

$$g_x = \begin{pmatrix} x_1 \\ y_1 \\ z_1 \\ 0 \end{pmatrix} \qquad (*4.51)$$

und es gilt

$$\begin{pmatrix} r_{11} & r_{12} & r_{13} & s_x \\ r_{21} & r_{22} & r_{23} & s_y \\ r_{31} & r_{32} & r_{33} & s_z \\ 0 & 0 & 0 & 1 \end{pmatrix} \cdot \begin{pmatrix} x_1 \\ y_1 \\ z_1 \\ 0 \end{pmatrix} = \begin{pmatrix} w_x \\ w_y \\ w_z \\ 0 \end{pmatrix} \qquad (*4.52)$$

Nach der Multiplikation bleibt die 0 in der vierten Koordinate also erhalten. Mit den uns bekannten Eigenschaften des Rotationsteils einer homogenen Matrix der Form (*4.49) gilt damit der nachfolgende Satz.

Satz 4.14

Das Produkt zweier homogener Matrizen der Form (*4.49) ist wieder eine homogene Matrix derselben Form.

Gegeben sei nun die homogene Matrix F zu einem Frame. Die Spaltenvektoren des Rotationsteils bezeichnen wir wie im PRO-Tutor mit $\vec{t}$, $\vec{o}$, $\vec{a}$ und der Positionsvektor sei $\vec{p}$.

$$F = \begin{pmatrix} t_x & o_x & a_x & p_x \\ t_y & o_y & a_y & p_y \\ t_z & o_z & a_z & p_z \\ 0 & 0 & 0 & 1 \end{pmatrix} \qquad (*4.53)$$

Wir multiplizieren F von links mit einer homogenen Matrix, deren Rotationsteil die Einheitsmatrix ist.

$$\begin{pmatrix} 1 & 0 & 0 & s_x \\ 0 & 1 & 0 & s_y \\ 0 & 0 & 1 & s_z \\ 0 & 0 & 0 & 1 \end{pmatrix} \cdot \begin{pmatrix} t_x & o_x & a_x & p_x \\ t_y & o_y & a_y & p_y \\ t_z & o_z & a_z & p_z \\ 0 & 0 & 0 & 1 \end{pmatrix} = \begin{pmatrix} t_x & o_x & a_x & p_x{+}s_x \\ t_y & o_y & a_y & p_y{+}s_y \\ t_z & o_z & a_z & p_z{+}s_z \\ 0 & 0 & 0 & 1 \end{pmatrix} \qquad (*4.54)$$

Offenbar wirkt die letzte Spalte der linken Matrix nur auf den Positionsvektor von F.

Satz 4.15

Die homogene Matrix F beschreibe eine Roboterlage. Dann kann eine Translation des Greifers um den Vektor $\vec{s}$ durch Multiplikation von F mit einer homogenen Matrix von links beschrieben werden, deren Struktur in (*4.54) gegeben ist. Die Orientierung bleibt unverändert.

Die Translation eines Frames wird in ROBOT-Tools mit der Prozedur ShiftFrame vorgenommen.

```
procedure ShiftFrame ( var FOut : Frame;
                       var VIn  : Vector;
                       var FIn  : Frame );
```

Bedeutung der Parameter:

- FOut ist der Frame, welcher durch Verschiebung des Frames FIn um den Vektor VIn entsteht.

■ **Beispiel 4.43**

Die homogene Matrix zu einem Frame, welcher die Position (1.0, 1.0, 1.0) und als Orientierung eine Drehung mit 90° um die x-Achse beschreibt, ist

$$\begin{pmatrix} 1 & 0 & 0 & 1 \\ 0 & 0 & -1 & 1 \\ 0 & 1 & 0 & 1 \\ 0 & 0 & 0 & 1 \end{pmatrix}$$

Eine Translation um den Vektor (0.0, -2.0, 0.0) wird bewirkt durch

$$
\begin{pmatrix} 1 & 0 & 0 & 0 \\ 0 & 1 & 0 & -2 \\ 0 & 0 & 1 & 0 \\ 0 & 0 & 0 & 1 \end{pmatrix} \cdot \begin{pmatrix} 1 & 0 & 0 & 1 \\ 0 & 0 & -1 & 1 \\ 0 & 1 & 0 & 1 \\ 0 & 0 & 0 & 1 \end{pmatrix} = \begin{pmatrix} 1 & 0 & 0 & 1 \\ 0 & 0 & -1 & -1 \\ 0 & 1 & 0 & 1 \\ 0 & 0 & 0 & 1 \end{pmatrix}
$$

Mit dem PRO-Tutor können wir die Translation nachvollziehen durch die Prozeduraufrufe

```
MakeVec(vec6, 1.0, 0.0, 0.0);
SetFrame(frame3, vec6, 90.0, 1.0, 1.0, 1.0);

MakeVec(vec5, 0.0, -2.0, 0.0);
ShiftFrame(frame4, vec5, frame3);
```

Durch Anwählen der Graphik-Option wird die Translation auf dem Bildschirm gezeigt.
∎

∎ **Beispiel 4.44**

In Beispiel 4.6 b sollte der TCP eines Werkzeugs vom Punkt (150.0, 0.0, 100.0) aus in Richtung der x-Achse des Bezugskoordinatensystems 10 Punkte jeweils im Abstand von 1 anfahren. Die Einheit sei cm.

Wir nehmen an, daß die Orientierung des Werkzeugs als Drehung mit 90° um die y-Achse des Bezugskoordinatensystems gegeben ist und beim Anfahren der Punkte unverändert bleiben soll. Dann lautet das entsprechende Programmstück zur Berechnung der Frames und mit einer Ausgabe der Frames auf den Bildschirm:

```
var
  i                  : Integer;
  Werkzeug_Frame     : array [0..10] of Frame;
begin
  SetFrame(Werkzeug_Frame[0], YAxis, 90.0,
                         150.0, 0.0, 100.0);
  for i := 1 to 10 do begin
    ShiftFrame(Werkzeug_Frame[i],
            XAxis,
            Werkzeug_Frame[i-1]);
    Writeln('Ausgabe des Frames nach Schritt',i:3);
    WriteFrame(Console, AxisAngle, Werkzeug_Frame[i] );
  end;
end.
```
∎

4.3.2 Rotation eines Frames

Wird der Rotationsteil einer homogenen Matrix mit einer beliebigen Rotationsmatrix besetzt und werden die Elemente des Translationsteils auf 0 gesetzt und multiplizieren wir einen Vektor in homogenen Koordinaten mit dieser Matrix von links, so folgern wir aus der

Gleichung (*4.50), daß hiermit eine reine Rotation beschrieben wird. Dies gilt nach (*4.52) auch, wenn die vierte Koordinate des Vektors auf 0 gesetzt wird.

Im allgemeinen kann eine reine Orientierungsänderung aber nicht durch die Multiplikation zweier homogener Matrizen miteinander beschrieben werden, da der homogene Positionsvektor in der vierten Spalte der zweiten Matrix bei dieser Multiplikation mitgedreht wird. Daher wurde eine Orientierungsänderung in Abschnitt 3.2 so beschrieben, daß vor der Drehung des Greiferkoordinatensystems eine Translation des Nullpunktes vom Greiferkoordinatensystem in den Nullpunkt des Bezugskoordinatensystems erfolgte. Auf die zur Roboterlage gehörende homogene Matrix F übertragen bedeutet dies, daß die ersten drei Komponenten des vierten Spaltenvektors durch die Translation auf 0 gesetzt werden. Bei der dann folgenden Rotation bleibt der Translationsteil der homogenen Matrix auf 0 und abschließend folgt eine Translation zurück in die ursprüngliche Position.

Satz 4.16

Die homogene Matrix

$$F = \begin{pmatrix} t_x & o_x & a_x & p_x \\ t_y & o_y & a_y & p_y \\ t_z & o_z & a_z & p_z \\ 0 & 0 & 0 & 1 \end{pmatrix}$$

beschreibe eine Roboterlage. Dann kann eine Änderung der Orientierung mathematisch beschrieben werden durch das Produkt folgender homogener Matrizen

$$\begin{pmatrix} 1 & 0 & 0 & p_x \\ 0 & 1 & 0 & p_y \\ 0 & 0 & 1 & p_z \\ 0 & 0 & 0 & 1 \end{pmatrix} \cdot \begin{pmatrix} r_{11} & r_{12} & r_{13} & 0 \\ r_{21} & r_{22} & r_{23} & 0 \\ r_{31} & r_{32} & r_{33} & 0 \\ 0 & 0 & 0 & 1 \end{pmatrix} \cdot \begin{pmatrix} 1 & 0 & 0 & -p_x \\ 0 & 1 & 0 & -p_y \\ 0 & 0 & 1 & -p_z \\ 0 & 0 & 0 & 1 \end{pmatrix} \cdot \begin{pmatrix} t_x & o_x & a_x & p_x \\ t_y & o_y & a_y & p_y \\ t_z & o_z & a_z & p_z \\ 0 & 0 & 0 & 1 \end{pmatrix}$$

Dies entspricht einer 3×3-Matrizenmultiplikation des Rotationsteiles von F mit der Matrix $(r_{ij})_{i,j=1..3}$.

In ROBOT-Tools wird die Rotation eines Frames mit der Prozedur RotFrame durchgeführt.

```
procedure RotFrame ( var FOut : Frame;
                     var RIn  : Rotation;
                     var FIn  : Frame    );
```

Bedeutung der Parameter:

- FOut ist der rotierte Frame. Berechnet werden die Rotationsmatrix und der rotierte Positionsvektor, nicht aber der Drehachsenvektor und der Drehwinkel. Drehachsenvektor und Drehwinkel können mit GetXARot aktualisiert werden.

- RIn beschreibt die Rotation.
- FIn ist der zu rotierende Frame.

■ **Beispiel 4.45**

Gegeben sei ein Frame, welcher die Position (1.0, 1.0, 1.0) und als Orientierung eine Drehung mit 90° um die x-Achse hat. Dieser Frame sei mit 45° um den Vektor (0.0, 1.0, 0.0) zu drehen. Mit folgenden Prozeduraufrufen kann dies im PRO-Tutor realisiert werden:

```
MakeVec(vec6, 1.0, 0.0, 0.0);
MakeVec(vec7, 0.0, 1.0, 0.0);
SetFrame(frame0, vec6, 90.0, 1.0, 1.0, 1.0);

MakeRotXA(rot2, vec7, 45.0);
RotFrame(frame1, rot2, frame0);
```

■

Zur Drehung eines Frames gibt es mit InvRotFrame eine weitere Prozedur, welche einen Frame um eine gegebene Rotation zurückdreht.

```
procedure InvRotFrame ( var FOut : Frame;
                        var RIn  : Rotation;
                        var FIn  : Frame    );
```

Bedeutung der Parameter:

- FOut ist der rotierte Frame. Berechnet werden die Rotationsmatrix und der rotierte Positionsvektor, nicht aber der Drehachsenvektor und der Drehwinkel. Drehachsenvektor und Drehwinkel können mit GetXARot aktualisiert werden.
- RIn beschreibt die Rotation.
- FIn ist der zu rotierende Frame.

■ **Beispiel 4.46**

Gegeben seien frame0, frame1 und rot2 aus Beispiel 4.45, dann führt der Aufruf von

```
InvRotFrame ( frame2, rot2, frame1);
```

zu einem frame2, welcher gleich frame0 ist.

■

■ **Beispiel 4.47**

Wenn die Änderung der Orientierung eines Werkzeugframes als Drehung um eine der Achsen des Werkzeugkoordinatensystems beschrieben wird, kann die Berechnung des neuen Frames als Prozedur formuliert werden. Diese Aufgabe soll als Studienobjekt dienen und verschiedene Varianten der Prozedur werden angegeben. Die Erzeugung einer Rotationsmatrix für die Drehung um eine Achse eines Werkzeugkoordinatensystems mit MakeRotRpy haben wir bereits kennengelernt. Bei der nächsten Version verwenden wir unsere Kenntnisse über die Multiplikation von Rotationsmatrizen. Multiplizieren wir die Rotationsmatrix eines Frames mit $R(x, \varphi)$ oder $R(y, \varphi)$ oder

R(z, φ) von rechts, so erzeugen wir damit eine Drehung um die entsprechende Achse des Werkzeugkoordinatensystems.

```
procedure Rot1_Werkzeugachse ( var FOut        : Frame;
                                   Achse        : Char;
                                   Winkel       : Real;
                               var FIn          : Frame);
var
   Rotintern : Rotation;
   Check     : Boolean; {Wird nicht ausgewertet}
begin
   case Achse of
   'x','X' : Check := MakeRotXA(Rotintern, XAxis,
                                           Winkel);
   'y','Y' : Check := MakeRotXA(Rotintern, YAxis,
                                           Winkel);
   'z','Z' : Check := MakeRotXA(Rotintern, ZAxis,
                                           Winkel);
   end;
   RotRot(FOut.Rot, FIn.Rot, Rotintern);
   FOut.Transl := FIn.Transl;
end; { Rot1_Werkzeugachse }
```

Die Rotationsmatrizen für die Drehungen um die x-, y- bzw. z-Achse benötigen nur einen Sinus- und einen Cosinus-Wert. Dieser kann in der zweiten Version direkt angegeben werden, so daß man auf den Prozeduraufruf von MakeRotXA verzichten kann.

```
procedure Rot2_Werkzeugachse ( var FOut        : Frame;
                                   Achse        : Char;
                                   Winkel       : Real;
                               var FIn          : Frame);
var
   Rotintern          : Rotation;
   Sinus, Cosinus     : Real;

begin
   Rotintern := NilRot;
   Sinus   := Sin(Rad(Winkel));
   Cosinus := Cos(Rad(Winkel));
   case Achse of
      'x','X' : begin
                Rotintern.Matrix.o.y := Cosinus;
                Rotintern.Matrix.o.z := Sinus;
                Rotintern.Matrix.a.y := -Sinus;
                Rotintern.Matrix.a.z := Cosinus;
                end;
      'y','Y' : begin
                Rotintern.Matrix.t.x := Cosinus;
                Rotintern.Matrix.t.z := -Sinus;
                Rotintern.Matrix.a.x := Sinus;
                Rotintern.Matrix.a.z := Cosinus;
                end;
      'z','Z' : begin
```

```
                         Rotintern.Matrix.t.x := Cosinus;
                         Rotintern.Matrix.t.y := Sinus;
                         Rotintern.Matrix.o.x := -Sinus;
                         Rotintern.Matrix.o.y := Cosinus;
                         end;
              end;
              RotRot(FOut.Rot, FIn.Rot, Rotintern);
              FOut.Transl := FIn.Transl;
         end; { Rot2_Werkzeugachse }
```

4.3.3 Transformation eines Frames

Wir wenden uns nun wieder einer homogenen Matrix F zu, welche eine Roboterlage beschreibt. Multiplizieren wir F mit einer homogenen Matrix M von links, so folgt aus den vorangehenden Betrachtungen:

1. Der Translationsteil von M wirkt nur auf den Translationsteil von F.

2. Der Rotationsteil von M wirkt auf den Rotationsteil von F und auf den Translationsteil von F.

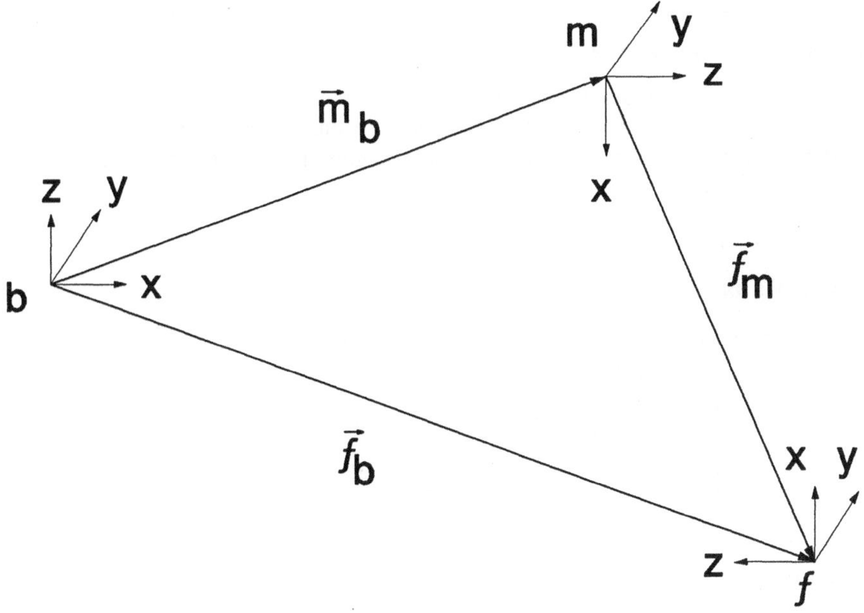

Bild 4-11: Koordinatentransformation

Hierdurch wird eine Koordinatentransformation beschrieben, welche anhand von Bild 4-11 erläutert werden soll. Gegeben sei ein Bezugskoordinatensystem b und ein Benutzerkoordinatensystem m. Es sei M_b die homogene Matrix zu einem Frame, welcher die Lage von m bezüglich b beschreibt. Das Koordinatensystem f sei einem Effektor, z.B. einem Greifer, zugeordnet und F_m sei die homogene Matrix zu einem Frame, welcher die Lage von f bezüglich m beschreibt, F_b sei die homogene Matrix zu einem Frame. welcher die Lage von f bezüglich b beschreibt. Dann gilt

$$F_b = M_b \cdot F_m \tag{*4.55}$$

Aus Bild 4-11 folgt anschaulich, daß die multiplikative Verknüpfung der Rotationsmatrizen von M_b und F_m die Rotationsmatrix von F_b ergibt (Hintereinander-Ausführung von Drehungen). Um die Addition $\vec{f}_b = \vec{m}_b + \vec{f}_m$ im Bezugskoordinatensystem durchzuführen, muß bei den Koordinaten von $\vec{f}_m$ die Orientierung von m bezüglich b berücksichtigt werden. $\vec{f}_m$ hat bezüglich m positive x- und z-Koordinaten, bezüglich b aber eine positive x- und eine negative z-Koordinate.

In ROBOT-Tools wird die Koordinatentransformation mit der Prozedur TransFrame durchgeführt.

```
procedure TransFrame ( var FAbs    : Frame;
                       var FTrans : Frame;
                       var FRel   : Frame);
```

Bedeutung der Parameter:

● FAbs ist der von der Prozedur berechnete transformierte Frame. Es werden die Rotationsmatrix und der Positionsvektor berechnet, nicht aber der Drehwinkel und der Drehachsenvektor. Drehwinkel und Drehachsenvektor können gegebenenfalls mit GetXARot aktualisiert werden.
● FTrans beschreibt die auszuführende Transformation.
● FRel ist der zu transformierende Frame.

■ **Beispiel 4.48**

In Anlehnung an Bild 4-11 sei

$$M_b = \begin{pmatrix} 0 & 0 & 1 & 8 \\ 0 & 1 & 0 & 0 \\ -1 & 0 & 0 & 3 \\ 0 & 0 & 0 & 1 \end{pmatrix}, \quad F_m = \begin{pmatrix} -1 & 0 & 0 & 7 \\ 0 & 1 & 0 & 0 \\ 0 & 0 & -1 & 3 \\ 0 & 0 & 0 & 1 \end{pmatrix}$$

Dann ist

$$F_b = M_b \cdot F_m = \begin{pmatrix} 0 & 0 & -1 & 11 \\ 0 & 1 & 0 & 0 \\ 1 & 0 & 0 & -4 \\ 0 & 0 & 0 & 1 \end{pmatrix}$$

Mit ROBOT-Tools lautet das entsprechende Programmstück:

```
    var
      Mb, Fm, Fb   : Frame;
    begin
      SetFrame(Mb, YAxis, 90.0, 8.0, 0.0, 3.0);
      SetFrame(Fm, YAxis, 180.0, 7.0, 0.0, 3.0);
      TransFrame(Fb, Mb, Fm);
      WriteFrame(Console, Matrix, Fb);
    end.
```

Im PRO-Tutor können die Prozeduraufrufe nachvollzogen werden mit frame0 = Mb, frame1 = Fm, frame2 = Fb, vec7 = YAxis.

Es ist zu beachten, daß man es einem Frame nicht ansieht, auf welches Koordinatensystem die Lagebeschreibung bezogen ist. Die Kontrolle hierüber bleibt dem Programmierer überlassen.

Ist nun mit F_b die Lagebeschreibung von f bezüglich b bekannt und mit M_b die Lagebeschreibung von m bezüglich b, so kann (*4.55) nach F_m aufgelöst werden. F_m beschreibt die Lage von f bezüglich m.

$$F_m = M_b^{-1} \cdot F_b \qquad\qquad (*4.56)$$

Die inverse Matrix zur homogenen Matrix M_b beschreibt die Lage von b bezüglich m, also $M_b^{-1} = B_m$.

Zur homogenen Matrix

$$M_b = \begin{pmatrix} t_x & o_x & a_x & s_x \\ t_y & o_y & a_y & s_y \\ t_z & o_z & a_z & s_z \\ 0 & 0 & 0 & 1 \end{pmatrix}$$

ist die Inverse

$$M_b^{-1} = \begin{pmatrix} t_x & t_y & t_z & -(s \cdot t) \\ o_x & o_y & o_z & -(s \cdot o) \\ a_x & a_y & a_z & -(s \cdot a) \\ 0 & 0 & 0 & 1 \end{pmatrix} \qquad\qquad (*4.57)$$

In der rechten Spalte stehen Skalarprodukte. Unter Beachtung der Orthogonalität der Spaltenvektoren im Rotationsteil kann man leicht $M_b^{-1} \cdot M_b = E$ zeigen (E die Einheitsmatrix).

Für die Berechnung des Frames zu F_m aus (*4.56) stellt ROBOT-Tools die Prozedur Inv-TransFrame zur Verfügung. Der inverse Frame (entsprechend der inversen homogenen Matrix) kann darüberhinaus mit der Prozedur InvFrame berechnet werden.

```
procedure InvTransFrame ( var FRel    : Frame;
                          var FTrans  : Frame;
                          var FAbs    : Frame);
```

Bedeutung der Parameter:

- FRel ist der von der Prozedur berechnete transformierte Frame. Es werden die Rotationsmatrix und der Positionsvektor berechnet, nicht aber der Drehwinkel und der Drehachsenvektor. Drehwinkel und Drehachsenvektor können gegebenenfalls mit GetXARot aktualisiert werden.
- FTrans beschreibt die auszuführende Transformation.
- FAbs ist der zu transformierende Frame.

```
procedure InvFrame ( var FOut : Frame;
                     var FIn  : Frame);
```

Bedeutung der Parameter:

- FOut ist der von der Prozedur berechnete inverse Frame. Es werden die Rotationsmatrix und der Positionsvektor berechnet, nicht aber der Drehwinkel und der Drehachsenvektor. Drehwinkel und Drehachsenvektor können gegebenenfalls mit GetXARot aktualisiert werden.
- FIn ist der zu invertierende Frame.

■ Beispiel 4.49

Gegeben seien die Matrizen M_b, F_m und F_b aus Beispiel 4.48. Nach (*4.57) ist

$$M_b^{-1} = \begin{pmatrix} 0 & 0 & -1 & 3 \\ 0 & 1 & 0 & 0 \\ 1 & 0 & 0 & -8 \\ 0 & 0 & 0 & 1 \end{pmatrix}$$

Die Orientierung ist hier beschrieben als Drehung mit -90° um die y-Achse. Anhand von Bild 4-11 sieht man, daß $M_b^{-1} = B_m$ ist.

$$F_m = M_b^{-1} \cdot F_b = \begin{pmatrix} 0 & 0 & -1 & 3 \\ 0 & 1 & 0 & 0 \\ 1 & 0 & 0 & -8 \\ 0 & 0 & 0 & 1 \end{pmatrix} \cdot \begin{pmatrix} 0 & 0 & -1 & 11 \\ 0 & 1 & 0 & 0 \\ 1 & 0 & 0 & -4 \\ 0 & 0 & 0 & 1 \end{pmatrix} = \begin{pmatrix} -1 & 0 & 0 & 7 \\ 0 & 1 & 0 & 0 \\ 0 & 0 & -1 & 3 \\ 0 & 0 & 0 & 1 \end{pmatrix}$$

in Übereinstimmung mit Beispiel 4.48.

Das zugehörige Programmstück mit ROBOT-Tools lautet

```
var
  Mb, Fm, Fb         : Frame;
  Mb_Invers          : Frame;
begin
{ Inverse Koordinatentransformation: }
  SetFrame(Mb, YAxis, 90.0, 8.0, 0.0, 3.0);
  SetFrame(Fb, YAxis, 270.0, 11.0, 0.0, -4.0);
  InvTransFrame(Fm, Mb, Fb);
  WriteFrame(Console, Matrix, Fm);

{ Berechnung der Inversen zu Mb: }
  InvFrame(Mb_Invers, Mb);
  Writeln('Ausgabe des zu Mb inversen Frames:');
  WriteFrame(Console, Matrix, Mb_Invers);
end.
```

■

■ **Beispiel 4.50**

Bei vielen Operationen auf Frames wird die Rotationsmatrix geändert, jedoch werden
der Drehachsenvektor und der Drehwinkel nicht angepaßt. Die Anpassung kann für
einen Frame F durch den Aufruf

GetXARot(F.Rot.Axis, F.Rot.Angle, F.Rot);

erfolgen.

■

Im nächsten Beispiel sollen die Werte für Frames von der Harddisk des Rechners gelesen
werden. Hierzu benötigt man noch die Prozeduren AssignFile, um einer Filevariablen den
Namen einer physikalischen Datei zuzuweisen und diese zu öffnen, und die Prozedur
CloseFile, um die einer Filevariablen zugewiesene physikalische Datei zu schließen.

```
procedure AssignFile (    Device     : DeviceType;
                          NewFile    : Boolean;
                          ReadFile   : Boolean;
                      var DataSetName : DataSetNameType);
```

Bedeutung der Parameter:

- Device hat einen der Werte Textfile, Framefile oder Realfile.
- NewFile hat nur eine Bedeutung, wenn die Datei zum Schreiben geöffnet wird. Der
  Wert true bedeutet, daß eine eventuell vorhandene Datei überschrieben wird, der
  Wert false bedeutet, daß die neuen Daten gegebenenfalls an eine vorhandene Datei
  angehängt werden.
- ReadFile. Der Wert true bedeutet, daß die Datei zum Lesen geöffnet wird, der Wert
  false bedeutet, daß die Datei zum Schreiben geöffnet wird.
- DataSetName enthält den Namen der physikalischen Datei.

```
procedure CloseFile ( Device : DeviceType);
```

Bedeutung des Parameters:

- Device hat einen der Werte Textfile, Framefile oder Realfile.

■ **Beispiel 4.51**

Eine Palette mit 12 Gegenständen stehe wie in Bild 4-12 im Arbeitsbereich eines
Roboters. Der Roboter soll die Palette entladen. Das Bezugskoordinatensystem sei im
Fuß des Roboters.

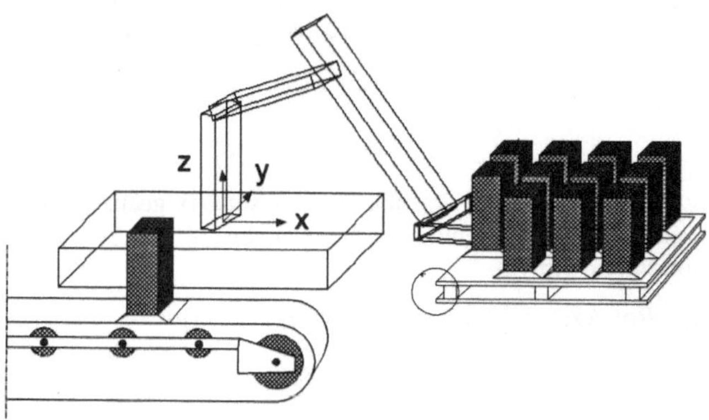

Bild 4-12: Entladen einer Palette

Über ein Sensorsystem werde die eingekreiste Ecke vermessen und die Daten seien als
Frame relativ zum Bezugskoordinatensystem im Framefile mit Namen Palette.Fme auf
der Harddisk gespeichert.

Mit der Bereitstellung der Palette werde über ein Netzwerk ein Satz von Frames relativ
zur Ecke der Palette geliefert, welcher im Framefile mit Namen Ladung.Fme auf der
Harddisk des Rechners gespeichert wird. Die Frames geben die Lage für den TCP zum
Greifen der Gegenstände an. Die Frames seien sequentiell so angeordnet, daß sie der
zeilenweisen Abspeicherung einer 3 × 4-Matrix entsprechen.

Es wird im folgenden ein Programmstück angegeben, welches die Frames der Ladung
relativ zum Bezugskoordinatensystem berechnet.

```
var
   Eingabe : DeviceType;

{ Frames: }
   Palette : Frame;
```

```
    FRel     : Frame;
    Stueck   : array[1..3,1..4] of Frame;

  { Filenamen: }
    Name_Palette   : packed array[1..11] of Char;
    Name_Ladung    : packed array[1..10] of Char;
    Name_Framefile : DataSetNameType;

  { Laufvariablen: }
    i, j           : Integer;
  procedure Blank(var Filename : DataSetNameType);
  var
    i : Integer;
  begin
    for i := 1 to 80 do begin
      Filename[i] := ' ';
    end;
  end; { Blank }

  begin
  { Frame der Palette einlesen: }
    Eingabe := Framefile;
    Name_Palette := 'Palette.Fme';
    Blank(Name_Framefile);
    Unpack(Name_Palette, Name_Framefile, 1);
    AssignFile(Eingabe, true, true, Name_Framefile);
    ReadFrame(Eingabe, Matrix, Palette);
    CloseFile(Eingabe);

  { Frames der Ladung einlesen und transformieren: }
    Name_Ladung := 'Ladung.Fme';
    Blank(Name_Framefile);
    Unpack(Name_Ladung, Name_Framefile, 1);
    AssignFile(Eingabe, true, true, Name_Framefile);
    for i := 1 to 3 do begin
      for j := 1 to 4 do begin
        ReadFrame(Eingabe, Matrix, FRel);
        TransFrame(Stueck[i,j], Palette, FRel);
      end;
    end;
    CloseFile(Eingabe);
  end.
```

Ein ähnliches Beispiel für die Anwendung von Koordinatentransformationen ist das Anbringen der Heckscheibe eines Autos. Diese Scheiben werden heute vielfach geklebt. Die Karosserie wird von einem Transportsystem in die entsprechende Arbeitszelle gefahren. Ein Roboter vermißt einen bestimmten Punkt des Fensterrahmens mit einem Sensor. Die Klebebahn ist relativ zu diesem Punkt bekannt. Sie kann der CAD-Darstellung der Karosserie entnommen werden. Ein Klebe-Roboter kann die Bahn nun mittels Koordinatentransformation abfahren. Anschließend wird von einem anderen Roboter die Scheibe aufgesetzt. Ihre Lage ist ebenfalls relativ zum vermessenen Punkt vorgegeben. Das Werkzeug dieses Roboters besteht aus Saugnäpfen.

■ **Beispiel 4.52**

Dem Beispiel 4.47, Drehung um eine Achse des Werkzeugkoordinatensystems, kann
nun eine dritte Version unter Verwendung der Koordinatentransformation hinzugefügt
werden. Die neue Lage wird hierbei relativ zum Werkzeugframe beschrieben.

```
procedure Rot3_Werkzeugachse ( var FOut        : Frame;
                                   Achse        : Char;
                                   Winkel       : Real;
                               var FIn          : Frame);
var
    Frameintern : Frame;
begin
    case Achse of
      'x','X' : SetFrame(Frameintern, XAxis, Winkel,
                                      0.0, 0.0, 0.0);
      'y','Y' : SetFrame(Frameintern, YAxis, Winkel,
                                      0.0, 0.0, 0.0);
      'z','Z' : SetFrame(Frameintern, ZAxis, Winkel,
                                      0.0, 0.0, 0.0);
    end;
    TransFrame(FOut, FIn, Frameintern);
end; { Rot3_Werkzeugachse }
```

■

4.4 Utilities für den PRO-Tutor

Zwei Klassen von Utilities werden in diesem Abschnitt beschrieben, die im PRO-Tutor
aufrufbar sind. Hierbei geht es um die Darstellung der Winkel und der Drehungen.

Im PRO-Tutor sind standardmäßig alle Winkeleingaben in Grad zu leisten. Dem Benutzer
wird nun die Möglichkeit gegeben, Winkeleingaben entweder in Grad oder in Radiant zu
machen.

Die Winkelumstellung geschieht durch Anwahl der Prozeduren *SetAngleModeDeg* und
SetAngleModeRad unter dem Menüpunkt *Util*. Durch Anwahl der Prozedur SetAngleMode-
Deg wird die Winkeleinstellung auf Grad gestellt, mit SetAngleModeRad wird sie auf
Radiant gestellt. Durch einen Haken vor dem Prozedurnamen ist ersichtlich, welche Ein-
stellung gerade gültig ist.

Die Winkelumstellung ist nicht möglich während der Anzeige und Bearbeitung eines Aufrufs
der Prozeduren von ROBOT-Tools. Wird zum Beispiel MakeRotXA aufgerufen und wird
während der Anzeige der Parameter zu dieser Prozedur der Menüpunkt *Util* angewählt, so
klappt das Pulldown-Menü auf, jedoch bleibt eine Auswahl einer Utility ohne Wirkung auf
den PRO-Tutor.

Die Darstellung von Rotationen und Frames bleibt bei einer Umschaltung zwischen Grad und
Radiant unverändert, da Winkel bei der Ausgabe auf den Bildschirm immer in Grad und in
Radiant angegeben werden.

■   **Beispiel 4.53**

Nach dem Start des PRO-Tutors wird unter dem Menüpunkt *Rotation* die Prozedur MakeRotXA aufgerufen. Es wird vom PRO-Tutor eine Drehung mit 45° um vec4 vorgeschlagen. Nach der Anwahl von *Ok* und von *Graphik* zeigt die Animation eine 45°-Drehung.

Mit der Anwahl von *Weiter* verschwinden die Fenster zu MakeRotXA und unter dem Menüpunkt *Util* wird jetzt die Prozedur SetAngleModeRad aufgerufen. Nach einer erneuten Anwahl von *Util* sehen wir, daß diese Prozedur nun als ausgewählt gekennzeichnet ist. Erneut wird MakeRotXA aufgerufen und als Vorschlag für den Drehwinkel erscheint 0.7854. Wir wählen *Ok* und erhalten die Ergebnisanzeige. Hier ist der Winkel in Grad jetzt mit 45.0001° angegeben. Dies zeigt, daß bei längeren Programmen auf Rundungsfehler und deren Fortpflanzung zu achten ist.

Der gleiche Effekt ist zu beobachten beim Aufruf von SetFrame. Wird diese Prozedur nach dem Start des PRO-Tutors aufgerufen, so wird als Orientierung eine Drehung um vec8 mit 90° vorgeschlagen. Nach dem Wechsel zur Einheit Radiant und erneutem Aufruf von SetFrame wird bei der Orientierung 1.5708 ($\pi/2$ auf vier Stellen hinter dem Dezimalpunkt) als Winkel vorgeschlagen. Die Anwahl von *Ok* führt zu einer Anzeige im Ergebnisfenster von 90.0002°.

■

Die Darstellungsformen von Rotationen in der Euler-, der Rpy- und der Xyz-Form wurden in Abschnitt 4.2 behandelt. Bei den Berechnungen von Lagen zur Robotersteuerung kann es vorteilhaft sein, die Eingaben in der einen Form zu machen, die Darstellung aber in einer anderen Form zu erhalten.

Die standardmäßige Darstellung von Drehungen für Rotationen und Frames ist die Achse-Winkel-Notation zusammen mit der Rotationsmatrix. Durch die Einstellung der Rotationsform im PRO-Tutor wird dem Benutzer nun die Möglichkeit gegeben, die Darstellungsform einer Rotation bei Ausgaben zu wählen. Eine Umschaltung der Winkel-Darstellung wirkt also auf die Eingabe, während eine Umschaltung der Rotationsform auf die Ausgabe wirkt.

Die Auswahl der Rotationsform geschieht durch Anwahl der entsprechenden Prozedur unter dem Menüpunkt *Util*. Die gerade gültige Darstellung wird durch einen Haken vor dem Prozedurnamen im Pulldown-Menü gekennzeichnet.

Die Umstellung der Rotationsform ist wie bei der Winkelumstellung nicht möglich während der Anzeige und Bearbeitung eines Aufrufs der Prozeduren von ROBOT-Tools. Jedoch kann unter dem Menüpunkt *Anzeige* die Darstellung einer Rotation oder eines Frames gewählt werden, und während das Fenster auf dem Bildschirm steht, kann die Rotationsform geändert werden. Gleichzeitig wird auch die Darstellungsform im Fenster geändert. Die Rotationsmatrix bleibt bei allen Rotationsformen identisch.

■   **Beispiel 4.54**

Nach dem Start des PRO-Tutors wird die Prozedur MakeRotXA aufgerufen. Es wird rot0 erstellt als Drehung mit 45° um vec4. Nach Anwahl von *Ok* und *Weiter* lassen wir durch *Anzeige/Rotationen* rot0 anzeigen. Als nächstes rufen wir unter *Util* die Prozedur SetRotationFormEuler auf. Damit erfolgt ein Update in der Anzeige von rot0. Statt der

Achse-Winkel-Form der Rotation werden jetzt die Eulerwinkel Phi, Theta und Psi angezeigt.

Bei einem erneuten Aufruf von MakeRotXA und der Anwahl von *Ok* erscheinen die Eulerwinkel im Ergebnisfenster. Mit *Weiter* löschen wir das Ergebnisfenster. Die Anzeige von rot0 lassen wir stehen.

Unter *Rotation* wählen wir die Prozedur MakeRotEuler. Mit der Anwahl von *Ok* erfolgt ein Update in der Darstellung von rot0. Es werden die neuen Eulerwinkel angezeigt, die identisch sind mit den Winkeln im Ergebnisfenster. Die Anwahl von *Weiter* löscht das Ergebnisfenster und unter *Util* rufen wir die Prozedur SetRotation-FormRpy auf. In der Anzeige von rot0 erhalten wir die Rpy-Winkel. Auf gleichem Wege erzeugen wir uns schließlich die Xyz-Winkel von rot0.

Als Darstellungsform der Rotation werden wieder die Eulerwinkel gewählt. Unter *Anzeige* lassen wir frame0 anzeigen und unter *Frame* rufen wir MakeFrame auf. Als Parameter für die Rotation wählen wir rot3, den Vektor übernehmen wir wie vom PRO-Tutor vorgeschlagen. Mit *Ok* erhalten wir das Ergebnisfenster von MakeFrame und es erfolgt ein Update von frame0. Wir löschen das Ergebnisfenster und sehen uns frame0 mit der Rpy- und der Xyz-Form an. Bei diesem Beispiel sind die drei Winkelsätze gleich.

■

4.5 Zusammenstellung der Arithmetik-Routinen, der Utilities und der Eingabe-/Ausgabe-Routinen von ROBOT-Tools

Am Anfang eines ROBOT-Tools-Programms muß ein Aufruf der Prozedur SysInit stehen. Diese Prozedur initialisiert die Systemvariablen.

Eine weitere hier noch nicht behandelte Prozedur ist Redirect_Io. Sie dient zur Umleitung der Ein- bzw. Ausgabe.

Als Erweiterung der Pascal-Standardfunktionen dienen die Arithmetik-Funktionen ArcCos und ArcSin.

Mit der Prozedur InitFilter kann der zulässige Zeichenbereich für die Eingabe definiert werden.

Die Funktion IoResult ermittelt den Fehlerstatus eines Devices.

Zum Einlesen des Frames der aktuellen Lage eines Roboters kann die Prozedur ReadFrame verwendet werden. Zusätzlich gibt es hierfür die Prozedur QueryActualFrame.

Eine ganze Reihe von Read- und Write-Prozeduren sind in den vorangegangenen Abschnitten vorgestellt worden. Darüberhinaus stehen einige weitere Read-/Write-Prozeduren zur Verfügung, welche im folgenden nur tabellarisch angegeben werden sollen.

Tabelle 4.1: Die Arithmetik-Routinen

Name	Bedeutung
AbsVec	: Betrag eines Vektors
AddVec	: Addition zweier Vektoren
CrossVec	: Kreuzprodukt zweier Vektoren
DivVec	: Division Vektor durch Skalar
DotVec	: Skalarprodukt zweier Vektoren
MakeVec	: Erstellen eines Vektors
MulVec	: Multiplikation Vektor mal Skalar
NormVec	: Normierung eines Vektors
SubVec	: Subtraktion zweier Vektoren
GetEulerRot	: Eulerform aus Rotationsmatrix
GetRpyRot	: Rpy-Form aus Rotationsmatrix
GetXARot	: Achse und Winkel aus Rotationsmatrix
GetXyzRot	: Xyz-Form aus Rotationsmatrix
InvRotRot	: Verknüpfung inverser Rotation mit Rotation
InvRotVector	: Rückdrehung eines Vektors
MakeRotEuler	: Rotationsmatrix aus Eulerform
MakeRotRpy	: Rotationsmatrix aus Rpy-Form
MakeRotXA	: Rotationsmatrix aus Achse und Winkel
MakeRotXyz	: Rotationsmatrix aus Xyz-Form
RotRot	: Verknüpfung zweier Rotationen
RotVector	: Drehung eines Vektors
InvFrame	: Invertierung eines Frames
InvTransFrame	: Koordinatentransformation mit inv.Frame
InvRotFrame	: Rückdrehung eines Frames
MakeFrame	: Erstellen eines Frames
RotFrame	: Drehung eines Frames
SetFrame	: Erstellen eines Frames
ShiftFrame	: Verschieben eines Frames
Transframe	: Koordinatentransformation

Tabelle 4.2: Die Utilities

Name	Bedeutung
ArcCos	: Berechnung des Arcuscosinus
ArcSin	: Berechnung des Arcussinus
AssignFile	: Zuweisung eines externen Dateinamens
CloseFile	: Schließen einer externen Datei
Deg	: Umrechnung von Bogen- in Gradmaß
InitFilter	: Definition eines Eingabefilters

IoResult	: Ermittlung des Fehlerstatus
QueryActualFrame	: Abfrage der aktuellen Roboterposition
Rad	: Umrechnung von Grad- in Bogenmaß
Redirect_Io	: Umleitung von Ein- und Ausgaben
SysInit	: Initialisierung des ROBOT-Tools-Systems
SetAngleModeDeg	: Winkelinterpretation in Grad
SetAngleModeRad	: Winkelinterpretation in Radiant
SetRotationFormAxisAngle	: Darstellung der Rotation
SetRotationFormEuler	: Darstellung der Rotation
SetRotationFormMatrix	: Darstellung der Rotation
SetRotationFormRpy	: Darstellung der Rotation
SetRotationFormXyz	: Darstellung der Rotation

Tabelle 4.3: Die Ein-/Ausgabe-Routinen

Name	Bedeutung
ReadChar	: Einlesen eines Zeichens
ReadFrame	: Einlesen eines Frames
ReadInt	: Einlesen einer Integerzahl
ReadLine	: Zeilenvorschub beim Lesen
ReadReal	: Einlesen einer Realzahl
ReadRot	: Einlesen einer Rotation
ReadVec	: Einlesen eines Vektors
WriteChar	: Ausgabe eines Zeichens
WriteError	: Ausgabe einer Fehlermeldung
WriteFReal	: Formatierte Ausgabe einer Realzahl
WriteFrame	: Ausgabe eines Frames
WriteInt	: Ausgabe einer Integerzahl
WriteJoint	: Ausgabe eines Achswinkelsatzes
WriteLine	: Zeilenvorschub beim Schreiben
WriteReal	: Ausgabe einer Realzahl
WriteRot	: Ausgabe einer Rotation
WriteString	: Ausgabe eines Strings
WriteVec	: Ausgabe eines Vektors

Übungsaufgaben

Ü 4.1) Berechnen Sie die Beträge der folgenden 3 Vektoren mit Hilfe eines Taschen-rechners:

$$\vec{a} = \begin{pmatrix} 1 \\ 1 \\ 1 \end{pmatrix}, \quad \vec{b} = \begin{pmatrix} 1 \\ 2 \\ 3 \end{pmatrix}, \quad \vec{c} = \begin{pmatrix} 0.7071 \\ 0.7071 \\ 0.0 \end{pmatrix}$$

Ü 4.2) Gegeben Sind die Vektoren $\vec{a}$, $\vec{b}$, $\vec{c}$ aus Ü 4.1. Weisen Sie jeweils die Komponenten eines Vektors im PRO-Tutor dem Vektor vec4 unter Verwendung der Prozedur MakeVec zu. Berechnen Sie mit der Prozedur AbsVec den jeweiligen Betrag von vec4.

Ü 4.3) Gegeben sind die Vektoren $\vec{a}$, $\vec{b}$, $\vec{c}$ aus Ü 4.1. Berechnen Sie mit dem PRO-Tutor

a) $\vec{b} + \vec{a}$ b) $\vec{b} + \vec{c}$ c) $\vec{a} - \vec{c}$ d) $\vec{b} - \vec{c}$

Ü 4.4) Ein Vertikal-Knickarmroboter sei mit einer Schweißzange als Werkzeug ausgerüstet. Der Ortsvektor des TCP sei

$\vec{u} = (150, \ 0, \ 100)$

Die Maßeinheit sei cm. Der TCP soll nacheinander 5 Punkte in Richtung eines Vektors $\vec{w}$ jeweils im Abstand von 2 cm anfahren. Geben Sie die Orts-vektoren dieser Punkte an für

a) $\vec{w} = \vec{e}_y = (\ 0, 1, \ 0)$ b) $\vec{w} = (\ 1, 2, 3)$ c) $\vec{w} = (\ 3, 2, 1)$

Ü 4.5) Schreiben Sie ein Programmstück in Pascal mit dem Aufruf geeigneter Proze-duren aus ROBOT-Tools zur Berechnung der in Ü 4.4 gesuchten Ortsvekto-ren.

Sie können dieses Programmstück im PRO-Tutor schrittweise simulieren.

Ü 4.6) Ein Vertikal-Knickarmroboter sei mit einer Schweißzange als Werkzeug ausgerüstet. Der TCP soll auf einer Geraden zwischen zwei Punkten P und Q mit Ortsvektoren $\vec{p}$ und $\vec{q}$ bewegt werden. Hierbei soll der TCP 9 Punkte an-fahren, die zusammen mit den Punkten P und Q äquidistant sind. Geben Sie die Ortsvektoren dieser Punkte an, wenn

a) $\vec{p} = (\ \ 0, 180, 110)$ b) $\vec{p} = (-110, \ 30, 110)$
    $\vec{q} = (\ 20, 170, 120)$ $\vec{q} = (-110, \ 40, 120)$

c) $\vec{p} = (\ 160, \ 10, 100)$
    $\vec{q} = (\ 160, -20, 100)$

Ü 4.7)   Schreiben Sie ein Programmstück in Pascal mit dem Aufruf geeigneter Prozeduren aus ROBOT-Tools zur Berechnung der in Ü 4.6 gesuchten Ortsvektoren.

Ü 4.8)   Bilden Sie die Skalarprodukte für die Vektoren $\vec{p}$ und $\vec{q}$:

a) $\begin{aligned}\vec{p} &= (110,\ 10,170)\\ \vec{q} &= (\ 10,110,170)\end{aligned}$ b) $\begin{aligned}\vec{p} &= (\ 90,-30,\ 90)\\ \vec{q} &= (\ 95,\ 25,\ 100)\end{aligned}$

c) $\vec{p} = \begin{pmatrix} -160 \\ 20 \\ 90 \end{pmatrix},\quad \vec{q} = \begin{pmatrix} -120 \\ 70 \\ 20 \end{pmatrix}$

Ü 4.9)   Prüfen Sie, ob die Vektoren $\vec{p}$ und $\vec{q}$ orthogonal zueinander sind:

a) $\begin{aligned}\vec{p} &= (\ 3,\ 7,-4)\\ \vec{q} &= (-1,\ 6,\ 9)\end{aligned}$ b) $\begin{aligned}\vec{p} &= (-5,\ 9,\ 1)\\ \vec{q} &= (\ 2,-3,36)\end{aligned}$

c) $\begin{aligned}\vec{p} &= (-2,\ 2,-2)\\ \vec{q} &= (-4,\ 3,\ 7)\end{aligned}$

Ü 4.10) Schreiben Sie ein Programmstück mit geeigneten Prozeduren von ROBOT-Tools, welches prüft, ob zwei Vektoren orthogonal zueinander sind.

Ü 4.11) Gegeben sei ein Roboter mit Achsen nach Bild 3-17. Das Bezugskoordinatensystem habe seinen Nullpunkt im Fuß des Roboters. Der TCP des Robotergreifers werde vom Punkt P zum Punkt Q bewegt. Die entsprechenden Ortsvektoren sind $\vec{p}$ und $\vec{q}$. Um welchen Winkel dreht sich die 1. Achse des Roboters?

a) $\begin{aligned}\vec{p} &= (\ \ 0,\ 170,\ 120)\\ \vec{q} &= (\ 20,\ 180,\ 110)\end{aligned}$ b) $\begin{aligned}\vec{p} &= (-160,\ 30,\ 110)\\ \vec{q} &= (-150,\ 60,\ \ 20)\end{aligned}$

c) $\begin{aligned}\vec{p} &= (\ 170,\ \ 10,\ 20)\\ \vec{q} &= (\ 175,\ -20,\ 90)\end{aligned}$

Ü 4.12) Berechnen Sie zu den Vektoren $\vec{p}$ und $\vec{q}$ die Vektorprodukte $\vec{p} \times \vec{q}$ und $\vec{q} \times \vec{p}$. Fertigen Sie jeweils eine dreidimensionale Skizze mit $\vec{p}$, $\vec{q}$ und $\vec{p} \times \vec{q}$ an.

a) $\begin{aligned}\vec{p} &= (\ 10,\ 50,\ \ 0)\\ \vec{q} &= (-25,\ 10,\ 70)\end{aligned}$ b) $\begin{aligned}\vec{p} &= (-10,\ 60,\ 10)\\ \vec{q} &= (\ 30,\ \ 0,\ 80)\end{aligned}$

c) $\begin{aligned}\vec{p} &= (-80,\ \ 0,\ 10)\\ \vec{q} &= (\ 10,\ \ 5,\ 70)\end{aligned}$

Ü 4.13) Der Basisvektor $\vec{g}_z$ eines Greiferkoordinatensystems ist senkrecht auf eine gegebene Fläche zu stellen. Die Fläche ist in der Punkt-Richtungsform (*4.9) gegeben.

Berechnen Sie $\vec{g}_z$ und fertigen Sie jeweils eine Skizze von Fläche und Greifer an. Da nur $\vec{g}_z$ festgelegt ist, wird die Orientierung des Greiferkoordinatensystems durch die vorstehende Bedingung nicht eindeutig bestimmt. Legen Sie für Ihre Skizze noch $\vec{g}_y$ willkürlich fest.

a) $\quad \vec{w} = \begin{pmatrix} 110 \\ 10 \\ 20 \end{pmatrix}$, $\quad \vec{v} = \begin{pmatrix} 0 \\ 90 \\ 0 \end{pmatrix}$, $\quad \vec{u} = \begin{pmatrix} -10 \\ 0 \\ 80 \end{pmatrix}$

b) $\quad \vec{w} = \begin{pmatrix} 0 \\ 90 \\ 0 \end{pmatrix}$, $\quad \vec{v} = \begin{pmatrix} -90 \\ 0 \\ 10 \end{pmatrix}$, $\quad \vec{u} = \begin{pmatrix} 0 \\ -20 \\ 90 \end{pmatrix}$

c) $\quad \vec{w} = \begin{pmatrix} -95 \\ -10 \\ 0 \end{pmatrix}$, $\quad \vec{v} = \begin{pmatrix} 0 \\ 70 \\ 10 \end{pmatrix}$, $\quad \vec{u} = \begin{pmatrix} -20 \\ 5 \\ 70 \end{pmatrix}$

Ü 4.14) Schreiben Sie ein Programmstück mit den Prozeduren von ROBOT-Tools, welches Ihnen zur Übung Ü 4.13 den Vektor $\vec{g}_z$ liefert.

Ü 4.15) Gegeben ist ein Vektor $\vec{n}$. Bestimmen Sie jeweils zwei Vektoren $\vec{p}$ und $\vec{q}$, die senkrecht auf $\vec{n}$ stehen. Die Vektoren $\vec{p}$ und $\vec{q}$ sollen nicht kollinear sein, das heißt sie sollen nicht die gleiche Richtung oder die entgegengesetzte Richtung zueinander haben.

Sie können dann mit $\vec{p}$ und $\vec{q}$ eine Ebene aufspannen, zu welcher $\vec{n}$ ein Normalenvektor ist.

a) $\quad \vec{n} = \begin{pmatrix} 2 \\ 7 \\ -3 \end{pmatrix}$ $\quad$ b) $\quad \vec{n} = \begin{pmatrix} 5 \\ 3 \\ 1 \end{pmatrix}$ $\quad$ c) $\quad \vec{n} = \begin{pmatrix} 10 \\ -2 \\ 11 \end{pmatrix}$

Ü 4.16) Bilden Sie die Transponierte zu folgenden Matrizen:

$$A = \begin{pmatrix} 5 & 4 & 1 \\ -2 & 1 & -2 \\ 6 & 11 & 3 \end{pmatrix}, \quad B = \begin{pmatrix} 4 & 3 & 2 & 1 \\ 1 & 9 & 7 & 6 \\ 4 & 1 & 2 & 3 \\ 5 & 7 & 7 & 9 \end{pmatrix}, \quad D = \begin{pmatrix} 9 & 0 & 0 \\ 0 & 2 & 0 \\ 0 & 0 & 1 \end{pmatrix}$$

Ü 4.17) Gegeben sind die Matrizen

$$A = \begin{pmatrix} 1 & 4 & 5 \\ -2 & 9 & 6 \\ -5 & 7 & 4 \end{pmatrix}, \quad B = \begin{pmatrix} 11 & 17 & 1 \\ 9 & -10 & 2 \\ 6 & -3 & 15 \end{pmatrix}$$

Bilden Sie A + B , A - 2B , 3A + 3B

Ü 4.18) Gegeben sind die Matrizen A und B aus Ü 4.17 und die Vektoren

$$\vec{p} = \begin{pmatrix} 2 \\ -4 \\ 5 \end{pmatrix}, \quad \vec{q} = (\,9,\ 11,\ -2)$$

Berechnen Sie $A \cdot \vec{p}$, $\vec{q} \cdot A$, $B \cdot \vec{p}$, $\vec{q} \cdot B$

Ü 4.19) Gegeben sind die Vektoren $\vec{p}$ und $\vec{q}$ aus Ü 4.18. E sei die 3-reihige Einheitsmatrix.

Berechnen Sie $E \cdot \vec{p}$ und $\vec{q} \cdot E$

Ü 4.20) Gegeben sind die Matrizen A und B aus Ü 4.17 sowie die Matrix

$$C = \begin{pmatrix} 2 & -3 & -4 \\ 1 & 9 & -7 \\ -3 & 11 & 1 \end{pmatrix}$$

a) Berechnen Sie $A \cdot (B \cdot C)$ und $(A \cdot B) \cdot C$ und vergleichen Sie die Ergebnisse.

b) Berechnen Sie $A \cdot (B + C)$ und $A \cdot B + A \cdot C$ und vergleichen Sie die Ergebnisse.

c) Berechnen Sie $(A \cdot B)^T$ und $B^T \cdot A^T$ und vergleichen Sie die Ergebnisse.

d) Berechnen Sie $A \cdot C$ und $C \cdot A$ und vergleichen Sie die Ergebnisse.

e) Es sei E die 3-reihige Einheitsmatrix. Berechnen Sie $E \cdot B$ und $B \cdot E$ und vergleichen Sie die Ergebnisse.

Ü 4.21) Gegeben sind die Matrizen A und B aus Ü 4.17 und die Vektoren

$$\vec{p} = \begin{pmatrix} 3 \\ 2 \\ -5 \end{pmatrix}, \quad \vec{q} = \begin{pmatrix} 11 \\ -4 \\ 2 \end{pmatrix}$$

a) Berechnen Sie $A \cdot (B \cdot \vec{p})$ und $(A \cdot B) \cdot \vec{p}$ und vergleichen Sie die Ergebnisse.

b) Berechnen Sie $A \cdot (\vec{p} + \vec{q})$ und $A \cdot \vec{p} + A \cdot \vec{q}$ und vergleichen Sie die Ergebnisse.

c) Berechnen Sie $(A \cdot \vec{p})^T$ und $\vec{p}^{\,T} \cdot A^T$ und vergleichen Sie die Ergebnisse.

Ü 4.22) Gegeben sind zwei Matrizen A und F. Zeigen Sie, daß F die inverse Matrix zu A ist: $F = A^{-1}$.

a) $\quad A = \begin{pmatrix} -9 & 4 & 2 \\ -7 & 3 & 2 \\ -6 & 3 & 1 \end{pmatrix}, \quad F = \begin{pmatrix} -3 & 2 & 2 \\ -5 & 3 & 4 \\ -3 & 3 & 1 \end{pmatrix}$

b) $\quad A = \begin{pmatrix} 10 & -4 & -3 \\ -16 & 7 & 4 \\ -3 & 1 & 1 \end{pmatrix}, \quad F = \begin{pmatrix} -3 & -1 & -5 \\ -4 & -1 & -8 \\ -5 & -2 & -6 \end{pmatrix}$

Ü 4.23) Gegeben sind die Vektoren

$$\vec{u} = \begin{pmatrix} 11 \\ 2 \\ 10 \end{pmatrix}, \quad \vec{v} = \begin{pmatrix} -2 \\ -2 \\ -2 \end{pmatrix}, \quad \vec{w} = \begin{pmatrix} 3 \\ -4 \\ 1 \end{pmatrix}$$

Stellen Sie folgende Rotationsmatrizen für Drehungen um die Achsen des Bezugskoordinatensystems auf:

R(x, 45°) , R(y, 90°) , R(z, 120°)

Berechnen Sie zu jedem Vektor die rotierten Vektoren bezüglich aller drei Rotationen.

Ü 4.24) Gegeben seien der Vektor $\vec{u}$ aus Ü 4.23 und die Matrix

$$M = \begin{pmatrix} 0 & -1 & 0 \\ 1 & 0 & 0 \\ 0 & 0 & 2 \end{pmatrix}$$

Berechnen Sie $\vec{v} = M \cdot \vec{u}$ sowie $|\vec{u}|$ und $|\vec{v}|$. In diesem Fall sind die Beträge nicht gleich.

Ü 4.25) Gegeben sei eine Greiferstellung wie in Beispiel 4.24. Geben Sie die Koordinaten der Basisvektoren des Greiferkoordinatensystems nach einer 45°-Drehung des Greiferkoordinatensystems um die y-Achse des Bezugskoordinatensystems an.

Ü 4.26) Gegeben Sind die Basisvektoren $\vec{g}_x$, $\vec{g}_y$, $\vec{g}_z$ eines Greiferkoordinatensystems. Diese drei Vektoren werden mit der Rotationsmatrix R(z, φ) um die z-Achse gedreht. Zeigen Sie, daß die gedrehten Vektoren wieder ein Koordinatensystem nach der rechten Handregel bilden.

Ü 4.27) Zeigen Sie, daß die Determinante der Rotationsmatrix $R(\vec{d}, φ)$ gleich 1 ist. $\vec{d}$ ist der Einheitsvektor in Richtung der Drehachse.

Ü 4.28) Bestimmen Sie mit dem PRO-Tutor die Rotationsmatrix zu einer Drehung von 60° mit dem Drehachsenvektor

$$\vec{p} = \begin{pmatrix} 1.0 \\ 1.0 \\ 1.0 \end{pmatrix}$$

Bestätigen Sie das Ergebnis durch Einsetzen der entsprechenden Werte in die allgemeine Form (*4.25) der Rotationsmatrix.

Ü 4.29) Bestimmen Sie mit dem PRO-Tutor die Rotationsmatrix zu einer Drehung von 60° mit dem Drehachsenvektor

$$\vec{q} = \begin{pmatrix} -1.0 \\ -1.0 \\ -1.0 \end{pmatrix}$$

Ü 4.30) Der Vektor $\vec{a} = \begin{pmatrix} -0.1 \\ 1.0 \\ 0.0 \end{pmatrix}$ ist mit 180° um die durch $\vec{p} = \begin{pmatrix} 2.0 \\ 2.0 \\ 0.0 \end{pmatrix}$ gegebene

Achse zu drehen. Geben Sie mit dem PRO-Tutor den Ergebnisvektor an.

Ü 4.31) Der Vektor $\vec{p}$ aus Ü 4.30 werde um 40° "nach oben" gedreht, das heißt aus der x-y-Ebene weg in Richtung der positiven z-Achse des Bezugskoordinatensystems. Der Ergebnisvektor werde normiert und sei $\vec{g}_z$. Schreiben Sie ein Programmstück, welches $\vec{g}_z$ berechnet.

Ü 4.32) Verknüpfen Sie jeweils die folgenden Rotationen durch Hintereinanderausführung miteinander und geben Sie für die resultierende Rotation die Matrix sowie den zugehörigen Drehachsenvektor und den Drehwinkel mit dem PRO-Tutor an.

a) - Rotation um die x-Achse mit 60°.
   - Rotation um die z-Achse mit 120°.

b) - Rotation um die y-Achse mit 90°.
   - Rotation um die z-Achse mit 90°.

c) - Rotation um die y-Achse mit -90°.
   - Rotation um die z-Achse mit 45°.

d) - Rotation um den Vektor (1.0, 1.0, 1.0) mit 45°.
   - Rotation um die y-Achse mit 45°.

Ü 4.33) Drehen Sie den Vektor $\vec{p}$ aus Ü 4.30 jeweils um die resultierenden Rotationen aus Ü 4.32.

Ü 4.34) Zeigen Sie, daß die Spaltenvektoren der allgemeinen Rotationsmatrix (*4.25) die Länge 1 haben und daß die Spaltenvektoren senkrecht aufeinander stehen.

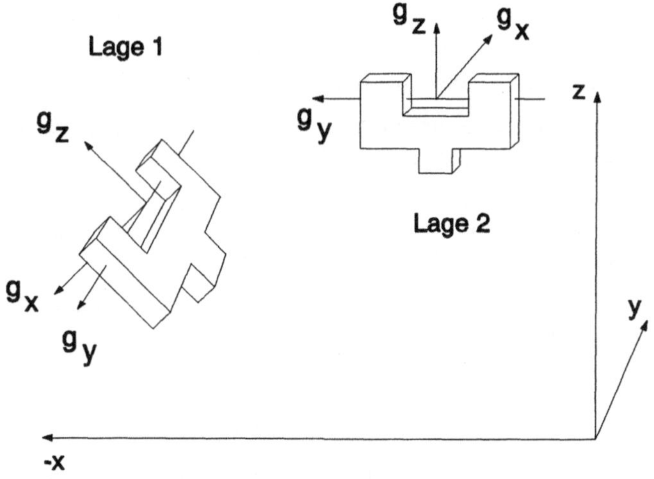

Bild 4-13: Zwei Lagen eines Greifers

Ü 4.35) Beschreiben Sie die zu Lage 1 und Lage 2 gehörenden Orientierungen des Greifers aus Bild 4-13 durch die entsprechenden Matrizen. In Lage 1 sei zwischen z-Achse und g_z-Achse ein Winkel von 45°und die y-Achse sei parallel zu g_y.

Geben Sie auch die Rotationsmatrix an, welche den Übergang von Orientierung 1 zu Orientierung 2 beschreibt.

Erzeugen Sie die Rotationen mit dem PRO-Tutor und vergleichen Sie die Animation in der Graphik-Option mit Bild 4-13.

Ü 4.36) Zeigen Sie, daß in der Matrix G_d in (*4.28) die Spaltenvektoren eine Koordinatensystembasis nach der rechten Handregel bilden. Sie haben also die Länge 1 und stehen senkrecht aufeinander.

Zeigen Sie ferner, daß der Winkel zwischen den Spaltenvektoren $\vec{g}_x$ und $\vec{g}_{dx}$ φ beträgt. Gleiches gilt für den Winkel zwischen $\vec{g}_y$ und $\vec{g}_{dy}$.

Ü 4.37) Nachfolgend sind Winkelsätze in der Euler-Form aufgeführt. Bestimmen Sie jeweils die Rotationsmatrix zu der Drehung, welche durch die Eulerwinkel definiert ist.

a) Phi = 20° ,   Theta = -20° ,   Psi = 90°
b) Phi = 75° ,   Theta = 10° ,   Psi = -10°
c) Phi = -45° ,   Theta = -45° ,   Psi = 45°
d) Phi = 120° ,   Theta = 15° ,   Psi = 35°
e) Phi = 90° ,   Theta = 90° ,   Psi = 90°
f) Phi = 35° ,   Theta = 15° ,   Psi = 120°

Ü 4.38) Interpretieren Sie die in Ü 4.37 gegebenen Winkelsätze als Winkelsätze in der Rpy-Form und bestimmen Sie jeweils die Rotationsmatrix zu der Drehung, welche durch die Rpy-Winkel definiert ist.

Bestimmen Sie auch mit dem PRO-Tutor den resultierenden Drehachsenvektor und den resultierenden Drehwinkel.

Ü 4.39) Interpretieren Sie die in Ü 4.37 gegebenen Winkelsätze als Winkelsätze in der Xyz-Form und bestimmen Sie jeweils die Rotationsmatrix zu der Drehung, welche durch die Xyz-Winkel definiert ist.

Bestimmen Sie auch mit dem PRO-Tutor den resultierenden Drehachsenvektor und den resultierenden Drehwinkel.

Ü 4.40) Gegeben sind die Rotationsmatrizen

$$a) \quad R = \begin{pmatrix} -0.3420 & -0.8830 & -0.3214 \\ 0.9397 & -0.3214 & -0.1170 \\ 0.0 & -0.3420 & 0.9397 \end{pmatrix}$$

$$
\text{b)} \quad R = \begin{pmatrix} -0.8924 & -0.4324 & -0.1294 \\ 0.3984 & -0.8894 & 0.2241 \\ -0.2120 & 0.1485 & 0.9659 \end{pmatrix}
$$

Berechnen Sie aus diesen Matrizen jeweils die zugehörigen Eulerwinkel.

Ü 4.41) Erzeugen Sie mit dem PRO-Tutor die folgenden Rotationen:

a) Drehung um den Vektor $\vec{d} = (1.0, 0.0, 0.0)$ mit $90°$.
b) Drehung um den Vektor $\vec{d} = (0.0, 1.0, 0.0)$ mit $90°$.
c) Drehung um den Vektor $\vec{d} = (0.0, 0.0, 1.0)$ mit $90°$.
d) Drehung um den Vektor $\vec{d} = (1.0, 1.0, 0.0)$ mit $45°$.
e) Drehung um den Vektor $\vec{d} = (-1.0, -1.0, 0.5)$ mit $30°$.
f) Drehung um den Vektor $\vec{d} = (1.0, 0.0, 0.5)$ mit $15°$.

Berechnen Sie dann mit dem PRO-Tutor die zugehörigen Eulerwinkel.

Ü 4.42) Gegeben Sind die Rotationen zu den Drehungen aus Ü 4.41. Berechnen Sie mit dem PRO-Tutor die zugehörigen Rpy-Winkel.

Ü 4.43) Leiten Sie die Formeln zur Berechnung der Xyz-Winkel aus einer gegebenen Rotationsmatrix her.

Ü 4.44) Berechnen Sie nach den in Ü 4.43 hergeleiteten Formeln die Xyz-Winkel zu den Rotationsmatrizen aus Ü 4.40.

Ü 4.45) Gegeben Sind die Rotationen zu den Drehungen aus Ü 4.41. Berechnen Sie mit dem PRO-Tutor die zugehörigen Xyz-Winkel.

Ü 4.46) Geben Sie zwei Drehungen an, für welche die Rpy-Winkel und die Xyz-Winkel identisch sind.

Ü 4.47) Gegeben sei ein Satz von Eulerwinkeln. Wie lassen sich daraus die Rpy-Winkel berechnen, welche dieselbe Orientierung beschreiben?

Ü 4.48) Schreiben Sie ein Pascal-Programm unter Verwendung von Prozeduren aus ROBOT-Tools, mit dem Sie einen Drehvektor und einen Drehwinkel eingeben, die zugehörige Rotation berechnen und aus der Rotation die Euler-, Rpy- und Xyz-Winkel bestimmen und ausgeben.

Ü 4.49) Gegeben sind die Vektoren

$$
\vec{u} = \begin{pmatrix} 2.95 \\ -0.2 \\ 1.2 \end{pmatrix}, \quad \vec{v} = \begin{pmatrix} -3.0 \\ 0.3 \\ 0.7 \end{pmatrix}, \quad \vec{w} = \begin{pmatrix} 0.5 \\ 3.0 \\ 1.7 \end{pmatrix}
$$

und die Rotationen

a) mit $110°$ um die z-Achse.
b) mit $15°$ um den Vektor $(1.0, 1.0, 3.0)$.

Schreiben Sie ein Programmstück, welches mit Hilfe einer Schleife alle möglichen Kombinationen von Frames aus den durch $\vec{u}$, $\vec{v}$, $\vec{w}$ gegebenen Positionen und den durch a, b gegebenen Orientierungen erzeugt. Generieren Sie dann die Frames im PRO-Tutor und verfolgen Sie in den entsprechenden Animationen die Darstellung der Frames.

Ü 4.50) Geben Sie die homogene Matrix zu einem Frame an, welcher die Position eines Greifers mit (150.0, 21.0, 2.5) und als Orientierung eine Drehung mit 100° um die y-Achse beschreibt. Die Einheit sei cm.

Führen Sie dann durch die Multiplikation Ihrer homogenen Matrix mit einer geeigneten weiteren homogenen Matrix eine Translation des Greifers um 110 cm in Richtung des durch (0.0, -21.0, 50.0) gegebenen Vektors durch.

Ü 4.51) Das Werkzeug eines Roboters sei eine Spritzpistole zum Lackieren von Blechen. Ein Blech sei 1 m breit und 1,20 m lang, dabei seien die oberen 20 cm um 45° nach hinten gebogen. Die Fläche von $1 \times 1\ \mathrm{m}^2$ sei parallel zur y-z-Ebene des Bezugskoordinatensystems. Die Unterkante soll auf der x-y-Ebene stehen und die x-Achse in der Mitte der Unterkante schneiden. Der Schnittpunkt habe einen Abstand von 1.30 m zum Ursprung des Bezugskoordinatensystems im Roboterfuß.

Nun soll der TCP des Werkzeugs sich im Abstand von 14 cm vom Blech auf Bahnen hin- und herbewegen. Die Bahnen sollen parallel zur x-y-Ebene verlaufen und einen Abstand zueinander von jeweils 5 cm haben. der Vektor $\vec{g}_z$ des Werkzeugkoordinatensystems soll immer senkrecht zum Blech stehen.

Schreiben Sie ein Programm, das mit ROBOT-Tools die Frames generiert, welche an den Endpunkten der Bahnen Orientierung und Position des Roboters bestimmen.

Ü 4.52) Gegeben sei ein Frame, welcher die Position (1.0, 1.0, 1.0) und als Orientierung eine Drehung mit 90° um die y-Achse hat.

Schreiben Sie ein Programm mit den Prozeduren von ROBOT-Tools, in welchem der Frame in mehreren Schritten mit je 10° um die x-Achse des Bezugskoordinatensystems gedreht wird bis er um 180° gedreht ist. Lassen Sie nach jedem Schritt den aktuellen Frame ausdrucken.

Dann soll der Frame um 180° zurückgedreht werden zur ursprünglichen Orientierung und anschließend in Schritten von -10° um dieselbe Achse gedreht werden bis -180° erreicht sind. Lassen Sie auch hier nach jedem Schritt den aktuellen Frame ausdrucken und drehen Sie den Frame schließlich wieder zu seiner ursprünglichen Orientierung zurück.

Ü 4.53) Schreiben Sie ein Programm, welches zu einem gegebenen Frame eines Werkzeugs einen neuen Frame berechnet nach einer Drehung mit 10° um die z-Achse, einer nachfolgenden Drehung mit 15° um die y-Achse und einer weiteren Drehung mit -5° um die z-Achse. Drehachsen seien jeweils die Achsen des Werkzeugkoordinatensystems.

Ü 4.54) Der Frame 1 sei relativ zum Bezugskoordinatensystem gegeben durch eine Drehung mit 30° um die y-Achse und dem Positionsvektor (32.0, 1.0, 3.0). Der Frame 2 sei relativ zu dem durch Frame 1 definierten Benutzerkoordinatensystem gegeben durch eine Drehung mit 20° um die x-Achse und dem Positionsvektor (-1.5, 1.0, 2.0). Geben Sie mit dem PRO-Tutor die durch Frame 2 beschriebene Lage in einem Frame 3 relativ zum Bezugskoordinatensystem an. Kontrollieren Sie das Ergebnis durch Rechnung mit homogenen Matrizen.

Ü 4.55) Eine Lage 1 und eine Lage 2 eines Greifers seien relativ zum Bezugskoordinatensystem beschrieben durch die homogenen Matrizen

$$L1 = \begin{pmatrix} 1 & 0 & 0 & 28 \\ 0 & 0 & -1 & 1 \\ 0 & 1 & 0 & 3 \\ 0 & 0 & 0 & 1 \end{pmatrix}, \quad L2 = \begin{pmatrix} -1 & 0 & 0 & 29 \\ 0 & -1 & 0 & 0 \\ 0 & 0 & 1 & 5 \\ 0 & 0 & 0 & 1 \end{pmatrix}$$

Geben Sie die Lage 2 relativ zu dem durch Lage 1 definierten Koordinatensystem in einer homogenen Matrix an. Kontrollieren Sie das Ergebnis mit dem PRO-Tutor.

Ü 4.56) Für das Werkzeug eines Roboters sei eine Startlage relativ zum Bezugskoordinatensystem gegeben durch eine Drehung mit 5° um die z-Achse und dem Positionsvektor (29.0, 0.0, 15.0). Die Einheit sei cm. Nun soll der Roboter 10 Punkte P_i, i = 1,...,10 anfahren. P_0 ist durch die Startlage gegeben.

Die Lage in P_i ist gegeben relativ zur Lage in P_{i-1} durch eine Drehung mit 2° um die z-Achse und einer Bewegung von 1 cm entlang der y-Achse des Werkzeugkoordinatensystems in P_{i-1}.

Schreiben Sie ein Programm, welches die Frames in P_i, i = 1,...,10 relativ zum Bezugskoordinatensystem berechnet.

Ü 4.57) Zeigen Sie, daß die in (*4.57) gegebene Matrix M_b^{-1} die Inverse zur Matrix M_b ist.

Ü 4.58) Nachfolgend sind sechs Winkelsätze in der Euler-Form aufgeführt. Erzeugen Sie mit dem PRO-Tutor die zugehörigen Winkelsätze in der Rpy- und der Xyz-Form und lassen Sie sich die Drehachse und den Drehwinkel in der Achse-Winkel-Notation anzeigen.

    a) Phi =   0° ,   Theta = -20° ,   Psi = 90°
    b) Phi = 20° ,   Theta = 10° ,   Psi = -30°
    c) Phi = -45° ,   Theta = -45° ,   Psi = 45°
    d) Phi = 120° ,   Theta = 45° ,   Psi =   0°
    e) Phi = 90° ,   Theta = 90° ,   Psi = 90°
    f) Phi = 35° ,   Theta = 45° ,   Psi = 120°

Ü 4.59) Interpretieren Sie die in Übung Ü 4.58 gegebenen Winkelsätze als Winkelsätze in der Rpy-Form und erzeugen Sie mit dem PRO-Tutor die zugehörigen Winkelsätze in der Euler- und der Xyz-Form. Lassen Sie sich die Drehachse und den Drehwinkel auch in der Achse-Winkel-Notation anzeigen.

Ü 4.60) Interpretieren Sie die in Übung Ü 4.58 gegebenen Winkelsätze als Winkelsätze in der Xyz-Form und erzeugen Sie mit dem PRO-Tutor die zugehörigen Winkelsätze in der Euler- und der Rpy-Form. Lassen Sie sich die Drehachse und den Drehwinkel auch in der Achse-Winkel-Notation anzeigen.

Ü 4.61) Erzeugen Sie mit dem PRO-Tutor die folgenden Rotationen:

a) Drehung um den Vektor $\vec{d} = (1.0, 0.0, 0.0)$ mit $90°$.
b) Drehung um den Vektor $\vec{d} = (0.0, 1.0, 0.0)$ mit $90°$.
c) Drehung um den Vektor $\vec{d} = (1.0, 1.0, 0.0)$ mit $45°$.
d) Drehung um den Vektor $\vec{d} = (1.0, 0.0, 0.5)$ mit $15°$.

Erzeugen Sie mit dem PRO-Tutor die zugehörigen Winkelsätze in der Euler-, Rpy- und der Xyz-Form.

5 Die Steuerung des Roboters

5.1 Die Bewegung des TCP

Mit den Steuerungsfunktionen werden die Aktionen eines Roboters ausgelöst. Auf der Basis der Lagebeschreibung können Bewegungen in Form und zeitlichem Ablauf kommandiert werden.

Am Anfang der Steuerungsfunktionen steht der Auf- und Abbau der Verbindung zwischen Steuerungsrechner und Roboter. Es wird vorausgesetzt, daß der Roboter eingeschaltet wurde. Dann wird mit der Prozedur RobotOn die Verbindung aufgebaut und mit der Prozedur RobotOff wird die Verbindung wieder getrennt. Die Wirkung dieser Prozeduren ist abhängig von den Gegebenheiten des Roboters. Vor RobotOn und nach RobotOff werden Steuerungskommandos an den Roboter ignoriert. Bietet der Roboter die entsprechenden Voraussetzungen, so kann mit RobotOff auch eine Standby-Schaltung realisiert werden.

```
procedure RobotOn ( Device : DeviceType );
```

Bedeutung des Parameters:

- Device ist der mit dem Rechner zu verbindende Roboter.

```
procedure RobotOff ( Device : DeviceType );
```

Bedeutung des Parameters:

- Device ist der abzutrennende Roboter.

Die meisten Roboter haben eine definierte Lage, die als Home-Position bezeichnet wird und aus jeder Ausgangslage erreicht werden kann. Der Begriff 'Position' ist hier eigentlich nicht ganz korrekt, da er eine Orientierung einschließt und damit eine Lage wiedergibt. Die Home-Position kann zum Beispiel zu Beginn oder am Ende einer Bewegungsfolge angefahren werden. An einem Montageband zum Karosserieschweißen ist sehr gut zu beobachten, wie die Roboter nach einem Schweißvorgang immer wieder die gleiche Lage einnehmen und auf die Bereitstellung der nächsten Karosserie warten.

Bei Robotern, welche nicht über eine absolute Wegmessung, sondern über eine inkrementelle Wegmessung verfügen, dient diese Lage auch der Kalibrierung. Hierzu sind in der Home-Position Endabschalter vorhanden. Befehle zum Kalibrieren und zum Anfahren einer Home-Position sind in ähnlicher Form auch in anderen Roboter-Programmiersprachen enthalten.

Mit der Prozedur DefHomePos kann eine neue Home-Position für einen Roboter definiert werden. Soll in dieser Lage eine Kalibrierung stattfinden, so müssen natürlich die entsprechenden Sensoren vorhanden sein.

Das Anfahren der Home-Position wird mit dem Aufruf der Prozedur MoveHome ausgelöst. Steht der Roboter in einer Arbeitszelle, in welcher Gegenstände seine freie Beweglichkeit einschränken, so ist darauf zu achten, daß bei Aufruf von MoveHome keine Kollision mit Gegenständen stattfindet.

Beim Ausführen von MoveHome bewegen sich die Achsen des Roboters nacheinander in einer bestimmten Reihenfolge. Die Reihenfolge kann mit der Prozedur DefHomeOrder bestimmt oder geändert werden.

```
procedure DefHomePos (      Device    : DeviceType;
                        var NewHome   : Frame       );
```

Bedeutung der Parameter:

- Device gibt den Roboter an, dessen Home-Position festgelegt werden soll.
- NewHome ist der Frame der neuen Home-Position.

```
procedure DefHomeOrder (      Device    : DeviceType;
                          var NewOrder : AngleOrderType);
```

Bedeutung der Parameter:

- Device gibt den Roboter an, für welchen die Achsreihenfolge festgelegt werden soll.
- NewOrder gibt die Reihenfolge an, in welcher die Achsen in die Home-Position bewegt werden.

```
procedure MoveHome ( Device : DeviceType );
```

Bedeutung des Parameters:

- Device gibt den Roboter an, welcher die Home-Position anfahren soll.

■ **Beispiel 5.1**

Im PRO-Tutor wählen wir den Menüzweig *Strg* und in dem aufklappenden Fenster wählen wir die Prozedur MoveHome an. Es erscheint unten rechts ein Fenster mit den Optionen *GrafRobot, Robot* und *Weiter.*

An den Rechner kann für den PRO-Tutor ein Roboter vom Typ Mitsubishi RM 501 angeschlossen werden (Siehe Anhang A). Mit der Auswahl der Option *Robot* wird dieser Roboter angesteuert. Mit der Auswahl der Option *GrafRobot* erscheint links das Fenster mit der Animation, wobei die Ausführung des Befehls am Drahtmodell des RM 501-Roboters simuliert wird.

Beim Start des PRO-Tutors befindet sich der simulierte Roboter in der Home-Position, so daß der Aufruf von MoveHome zunächst keine Lageänderung bewirkt. Mit Query-ActualFrame speichern wir die Lage in frame2. Dann rufen wir DefHomePos auf und übergeben frame4 als Parameter (Transl = (49.0, -18.0, 28.0), Drehung mit 90° um die y-Achse). Mit MoveHome wird der Roboter nun in die neue Home-Position gefahren. Die Aufruffolge

```
DefHomePos(GrafRobot, frame2);
MoveHome(GrafRobot);
```

bringt den simulierten Roboter in die alte Home-Position zurück.   ■

In bestimmten Fällen kann es nützlich sein, die Achsen eines Roboters direkt anzusteuern und nicht eine durch einen Frame vorgegebene Lage anzufahren. Beim Robotermodell in Bild 3-17 wäre dies sinnvoll für die Achse 1 und die Achse 6. Die Achse 6 ist in Bild 3-17 identisch mit der g_z-Achse des Greiferkoordinatensystems, aber die Achse 4 und die Achse 5 sind nicht identisch mit den Achsen g_x und g_y des Greiferkoordinatensystems (Siehe auch Bilder 4-8/9/10). Die Ansteuerung einzelner Achsen kann auch sinnvoll sein, um bei einer vorhersehbaren Bahn des TCP Kollisionen mit Gegenständen im Arbeitsraum des Roboters zu vermeiden. Zu diesem Zweck können ebenfalls die später behandelten Prozeduren MoveLinear und MoveCircle verwendet werden.

Eine einzelne Achse wird mit der Prozedur DriveJoint bewegt. Der anzufahrende Winkel wird dabei als absoluter Wert übergeben. Die Prozedur Drive hingegen erhält einen kompletten Winkelsatz für alle Achsen (1 .. MaxAxis).

Die Bewegung wird beim Aufruf von Drive mit Achsinterpolation durchgeführt, das heißt, die Verfahrgeschwindigkeit in den einzelnen Achsen wird so geregelt, daß alle Bewegungen gleichzeitig beginnen und gleichzeitig enden. Einige einfache Roboter lassen nur eine fest vorgegebene Geschwindigkeit der Bewegung in den Achsen zu. In diesem Fall können die Einzelbewegungen nicht gleichzeitig enden.

```
procedure DriveJoint ( Device  : DeviceType;
                       AxisNo  : AngleRangeType;
                       Angle   : Real          );
```

Bedeutung der Parameter:

● Device ist der anzusprechende Roboter.
● AxisNo ist die Nummer der zu bewegenden Achse.
● Angle ist der anzufahrende Stellwert in Grad.

```
procedure Drive (     Device  : DeviceType;
                  var Angles  : ThetaI      );
```

Bedeutung der Parameter:

● Device ist der anzusprechende Roboter.
● Angles ist der Winkelsatz in Grad, welcher die anzufahrende Lage bestimmt.

■ **Beispiel 5.2**

Im PRO-Tutor rufe man DriveJoint auf und gebe als Parameter axis1 und 20° an.

Anschließend rufe man Drive auf. Die Winkel sind abweichend von der oben gegebenen Definition von Drive einzeln einzutragen. Tragen Sie für die erste Achse den Winkel 40° ein und für die zweite Achse den Winkel 30°.

Mit MoveHome bewege man den Roboter wieder in die Home-Position.

Verfolgen Sie die Ausführung in der Simulation. Falls Sie einen Mitsubishi RM 501-Roboter angeschlossen haben, leiten Sie die Steuerkommandos auch auf diesen Roboter.

■

Die vorstehenden Angaben für die Achsen bei den Prozeduren Drive und DriveJoint beziehen sich auf Roboter mit rotatorischen Achsen wie in Bild 3-17. Portalroboter wie in Bild 2-10 haben translatorische Achsen und ein Scara-Roboter wie in Bild 2-12 hat rotatorische und translatorische Achsen. Bei translatorischen Achsen werden die entsprechenden Parameter als Angaben in cm interpretiert und es wird eine Translation um diesen Weg durchgeführt. Bei anderen Implementierungen und in anderen Roboter-Programmiersprachen sind diese Angaben oft auch in mm zu machen.

Die am häufigsten verwendeten Steuerbefehle in der Roboterprogrammierung sind die Move-Befehle, welche mit Frames (mit Weltkoordinaten) arbeiten. Hierbei enthalten die Sprachen oft drei Klassen von Befehlen. Die Punkt-zu-Punkt-Befehle steuern die Bewegung von der aktuellen Lage zur Ziellage. Soweit es der Roboter und die zugehörige Steuerung erlauben, wird hierbei meistens eine Achsinterpolation durchgeführt. Der tatsächlich zurückgelegte Weg hängt von den Gegebenheiten des Roboters ab.

Die Befehle der zweiten Klasse steuern eine lineare Bewegung von der aktuellen Lage zur Ziellage. Hierbei werden Position und Orientierung linear interpoliert. Die Befehle der dritten Klasse steuern eine Kreisbewegung.

Die Punkt-zu-Punkt-Bewegung wird in ROBOT-Tools mit der Prozedur MovePtP gesteuert. Aus dem Frame der Ziellage werden intern durch Koordinatentransformation die Roboter-koordinaten berechnet und dann wird soweit möglich eine Achsinterpolation durchgeführt. Liegt die angegebene Ziellage außerhalb des Bewegungsbereiches, so erfolgt eine Fehler-meldung auf das Device StdErr. Im PRO-Tutor wird eine Fehlermeldung auf den Bildschirm geleitet.

```
procedure MovePtP (      Device      : DeviceType;
                    var Destination : Frame       );
```

Bedeutung der Parameter:

● Device ist der anzusteuernde Roboter.
● Destination ist die Ziellage.

■ **Beispiel 5.3**

Der Ursprung des Bezugskoordinatensystems sei im Fuß eines Roboters. Der Roboter fahre seine Home-Position an. Dann führe er folgende Bewegungen aus. Zunächst werde als Orientierung eine Drehung mit 90° um die y-Achse des Bezugskoordinaten-systems angesteuert. Danach sollen nacheinander bei gleichbleibender Orientierung die folgenden drei Positionen angefahren werden, wobei b) und c) jeweils relativ zur vorhergehenden Position zu interpretieren ist. (Die Einheit sei cm)

a) Transl = (280.0, 0.0, 150.0).

b) Eine Bewegung zu einer Position 20 cm in Richtung der x-Achse, -5 cm in Richtung der z-Achse des Bezugskoordinatensystems.

c) Eine Bewegung zu einer Position 20 cm in Richtung von (1.0, 1.0, 1.0).

Programmteil:

```
var
  Ziel, Aktuell               : Frame;
  Fehler                      : IoStatusType; { wird
            in diesem Beispiel nicht ausgewertet }
  Check                       : Boolean; { wird
            in diesem Beispiel nicht ausgewertet }
  Orientierung                : Rotation;
  RelPos, Richtung, RichtungN : Vector;

begin
  SysInit;
  RobotOn(Robot1);
  MoveHome(Robot1);
  QueryActualFrame(Robot1, Ziel, Fehler);
  Check := MakeRotXA(Orientierung, YAxis, 90.0);
  Ziel.Rot := Orientierung;
  MovePtP(Robot1, Ziel);

{ a) }
  MakeVec(Ziel.Transl, 280.0, 0.0, 150.0);
  MovePtP(Robot1, Ziel);

{ b) }
  Aktuell := Ziel;
  MakeVec(RelPos, 20.0, 0.0, -5.0);
  ShiftFrame(Ziel, RelPos, Aktuell);
  MovePtP(Robot1, Ziel);

{ c) }
  Aktuell := Ziel;
  MakeVec(Richtung, 1.0, 1.0, 1.0);
  Check := NormVec(RichtungN, Richtung);
  MulVec(RelPos, RichtungN, 20.0);
  ShiftFrame(Ziel, RelPos, Aktuell);
  MovePtP(Robot1, Ziel);

  RobotOff(Robot1);
end.
```

∎

Im vorstehenden Beispiel wird die Bewegungsfolge relativ zu einer Ausgangslage programmiert. Wenn der Roboter zusammen mit dem Ursprung des Bezugskoordinatensystems nun zur Seite gerückt wird, z.B. muß er wegen eines Umbaus 5 cm in Richtung der y-Achse des Bezugskoordinatensystems versetzt werden, so können mit Ausnahme der Home-Position die gleichen Lagen angefahren werden, wenn lediglich in Teil a des Programms die Parameter von MakeVec geändert werden zu

```
MakeVec(Ziel.Transl, 280.0, -5.0, 150.0);
```

■ **Beispiel 5.4**

Gegeben sei eine Fläche durch die Punktrichtungsform

$$\vec{q} = \vec{w} + \lambda\vec{v} + \mu\vec{u}$$

Der Ursprung des Bezugskoordinatensystems sei im Roboterfuß.

Zu schreiben ist eine Prozedur MoveSenkrecht, welche die g_z-Achse des Werkzeug-koordinatensystems senkrecht auf die Fläche stellt. Dabei soll $\vec{g}_z$ vom Roboterfuß wegzeigen, $\vec{g}_y$ soll parallel zu v stehen. Der TCP habe einen Abstand von 7 cm zur Fläche und die Position sei so gewählt, daß $\vec{g}_z$ auf den durch den Ortsvektor $\vec{w}$ definierten Punkt zeigt. (Siehe Beispiel 4.42)

Die Einheit sei cm und es sei $|\vec{w}| > 100$. Es wird die Funktion Winkel aus Beispiel 4.11 verwendet.

```
procedure MoveSenkrecht (       Device      : DeviceType;
                            var GFrame      : Frame;
                            var FehlerCode  : Integer;
                            var w, v, u     : Vector    );
label
  9999;
var
  n                  : Vector;   { Normalenvektor      }
  n1                 : Vector;   { Einheitsvektor      }
  Abstand            : Vector;   { Abstand zur Fläche }
  Check              : Boolean;
  Absw, PhiDeg       : Real;
begin
  FehlerCode := 0;
  AbsVec(Absw, w);
  if (Absw <= 100.0) then begin
        FehlerCode := 1;
        goto 9999; { Prozedur-Ende }
  end;

  CrossVec(n, v, u);
  Check := NormVec(n1, n);
  if (Check = false) then begin
        FehlerCode := 2;
        goto 9999; { Prozedur-Ende }
  end;

  { z-Achse des Werkzeugs festlegen: }
  Check := Winkel(n1, w, PhiDeg);
  if (Check = false) then begin
        { dieser Fehler darf hier eigentlich nicht }
        { eintreten                                }
        FehlerCode := 3;
        goto 9999; { Prozedur-Ende }
  end;
  if (PhiDeg <= 90.0) then begin
        GFrame.Rot.Matrix.a := n1;
  end
```

```
            else begin
                    MulVec(GFrame.Rot.Matrix.a, n1, -1.0);
            end;

        { y-Achse des Werkzeugs festlegen: }
        Check := NormVec(GFrame.Rot.Matrix.o, v);
        if (Check = false) then begin
                    { dieser Fehler darf hier eigentlich nicht}
                    { eintreten                                }
                    FehlerCode := 4;
                    goto 9999; { Prozedur-Ende }
        end;

        { x-Achse des Werkzeugs festlegen: }
        CrossVec(GFrame.Rot.Matrix.t,
                    GFrame.Rot.Matrix.o,
                    GFrame.Rot.Matrix.a);

        GFrame.Rot.Axis_Updated   := false;
        GFrame.Rot.Angle_Updated  := false;

    { Position: }
        MulVec(Abstand, GFrame.Rot.Matrix.a, -7.0);
        AddVec(GFrame.Transl, w, Abstand);

    { Steuerung: }
        MovePtP(Device, GFrame);

    9999: { Prozedur-Ende }
    end;   { MoveSenkrecht }
```

Für bestimmte Arbeiten ist es notwendig, daß die Bahn des Werkzeugs vorhersehbar ist. Dies ist beispielsweise beim Greifen eines Gegenstandes der Fall. Der Greifer muß sich dem Gegenstand so nähern, daß er ihn nicht umstößt. Ein anderes Beispiel ist die Bewegung im Arbeitsraum, wenn Gegenstände die freie Bewegung einschränken. Das Werkzeug muß um die Gegenstände herumgelenkt werden.

ROBOT-Tools hat die Prozedur MoveLinear für die geradlinige Bewegung zwischen zwei Lagen. Beim Aufruf von MoveLinear wird intern die Interpolationsgerade zwischen aktueller Position und Zielposition bestimmt. Auf dieser bewegt sich der TCP. Die Orientierung wird hierbei sukzessive von der aktuellen Lage in die Orientierung der Ziellage überführt.

```
procedure MoveLinear (       Device      : DeviceType;
                         var Destination : Frame      );
```

Bedeutung der Parameter:

- Device ist der anzusteuernde Roboter.
- Destination ist die Ziellage.

■ **Beispiel 5.5**

Ein Vertikal-Knickarmroboter sei mit einer Schweißzange als Werkzeug ausgerüstet (Siehe Beispiel 4.6). Der Ortsvektor des TCP sei

$$\vec{u} = (150.0,\ 0.0,\ 100.0)$$

Die Maßeinheit sei cm. Die Orientierung sei gegeben durch eine Drehung mit 90° um die y-Achse des Bezugskoordinatensystems.

Nun soll der TCP in Richtung des Vektors $\vec{w} = (0.0,\ -1.0,\ 0.0)$ bewegt werden und nacheinander 10 Punkte jeweils im Abstand von 1 cm anfahren, um dort eine Aktion auszuführen. Die Steuerung der Aktion durch ROBOT-Tools wird später behandelt. Die Bewegung muß linear bei gleichbleibender Orientierung erfolgen, damit eine Berührung mit dem zu schweißenden Gegenstand vermieden wird. Im nachfolgenden Programm wird zunächst die Home-Position angefahren, um eine definierte Ausgangslage zu erreichen.

```
var
  u, w              : Vector;
  Abstand           : Vector;
  ZwiVec            : Vector; { Zwischenwerte }
  Start,Ziel        : Frame;
  Lambda            : Real;
  i                 : Integer;
  Check             : Boolean; { wird in diesem Beispiel }
                               { nicht ausgewertet       }
begin
  SysInit;
  RobotOn(Robot1);
  MoveHome(Robot1);
  MakeVec(u, 150.0, 0.0, 100.0);
  MakeVec(w, 0.0, -1.0, 0.0);

{ Annäherung an den Gegenstand: }
  Check := MakeRotXA(Ziel.Rot, YAxis, 90.0);
  MakeVec(Ziel.Transl, 140.0, 0.0, 100.0);
  MovePtP(Robot1, Ziel);

{ Startlage: }
  Ziel.Transl := u;
  MoveLinear(Robot1, Ziel);
  { Aktion ausführen }

{ Anfahren der Positionen: }
  Start := Ziel;
  for i := 1 to 10 do begin
        Lambda := i;
        MulVec(Zwivec, w, Lambda);
        ShiftFrame(Ziel, ZwiVec, Start);
        MoveLinear(Robot1, Ziel);
        { Aktion Ausführen }
  end;

{ Aufgabe beenden: }
  MakeVec(Abstand, -10.0, 0.0, 0.0);
  Start := Ziel;
  ShiftFrame(Ziel, Abstand, Start);
  MoveLinear(Robot1, Ziel);
```

```
    MoveHome(Robot1);
    RobotOff(Robot1);
end.
```

■

Neben der linearen Bewegung kann mit ROBOT-Tools auch eine Kreisbahn gesteuert werden. Ausgehend von der Position der momentanen Lage als Punkt auf dem Kreis wird für die Prozedur MoveCircle der Kreis durch Angabe des Kreismittelpunktes und des Normalenvektors der Kreisfläche beschrieben. Weiterhin wird der zu überstreichende Winkel angegeben. Die Orientierung des Greifers kann bei der Kreisbewegung mitgedreht werden oder aber konstant bleiben.

```
procedure MoveCircle (     Device    : DeviceType;
                           RotAngle  : Real;
                       var RotAxis   : Vector;
                       var Center    : Vector;
                           RotGrip   : Boolean    );
```

Bedeutung der Parameter:

- Device ist der anzusprechende Roboter.
- RotAngle ist der zu überstreichende Winkel in Grad. Ist RotAngle positiv, so erfolgt von der Spitze des Normalenvektors aus gesehen eine Drehung gegen den Uhrzeigersinn.
- RotAxis ist der Normalenvektor der Kreisfläche.
- Center ist der Ortsvektor des Kreismittelpunktes.
- RotGrip steuert die Orientierung des Greifers. Für den Wert true wird die Orientierung mitgedreht, für den Wert false nicht.

■ **Beispiel 5.6**

Die Orientierung eines Greifers sei gegeben als Drehung mit 180° um die y-Achse des Bezugskoordinatensystem. Der Ursprung des Bezugskoordinatensystems liege im Roboterfuß. Bei gleichbleibender Orientierung beschreibe der TCP einen Kreis um den Punkt (180.0, 10.0, 50.0) mit Radius 10.0. Die Kreisfläche sei parallel zur x-y-Ebene des Bezugskoordinatensystems. Das Programmstück mit ROBOT-Tools lautet:

```
var
   Start      : Frame;
   Center     : Vector;
   Check      : Boolean; { wird in diesem Beispiel
                           nicht ausgewertet        }
begin
   SysInit;
   RobotOn(Robot1);
   MoveHome(Robot1);

   Check := MakeRotXA(Start.Rot, YAxis, 180.0);
   MakeVec(Start.Transl, 170.0, 10.0, 50.0);
   MakeVec(Center, 180.0, 10.0, 50.0);

   MovePtP(Robot1, Start);
```

```
    MoveCircle(Robot1, 360.0, ZAxis, Center, false);

    MoveHome(Robot1);
    RobotOff(Robot1);
end.
```

Es sei angemerkt, daß bei einem Vertikal-Knickarmroboter der Bauart wie in Bild 3-17 eine Kreisbahn mit dem Roboterfuß als Kreismittelpunkt durch die Prozedur DriveJoint gesteuert werden würde.

■ Beispiel 5.7

Mit MoveCircle kann nun ein Programm geschrieben werden, mit welchem der TCP eines Werkzeugs die Kontur des Werkstücks aus Bild 2-5 abfahren kann. Die Kontur ist noch einmal in Bild 5-1 dargestellt. Die Numerierung der Kanten wurde abgeändert.

Der Ursprung des Bezugskoordinatensystems liege im Roboterfuß. Der Punkt P1 habe den Ortsvektor (100.0, -25.0, 50.0). Dieser Punkt beschreibe die anfängliche Position des TCP. Das Werkstück liege parallel zur x-y-Ebene. Die Einheit in Bild 2-5 ist mm, die Einheit für die Parameter in ROBOT-Tools sei cm. Die Orientierung sei konstant gegeben als Drehung mit 180° um die y-Achse des Bezugskoordinatensystems. Die Steuerung der Geschwindigkeit und der Werkzeugfunktion wird im Programm als Kommentar eingefügt. Die entsprechenden ROBOT-Tools-Prozeduren werden später behandelt.

Es werden zunächst die Frames berechnet, anschließend wird die Steuerung programmiert.

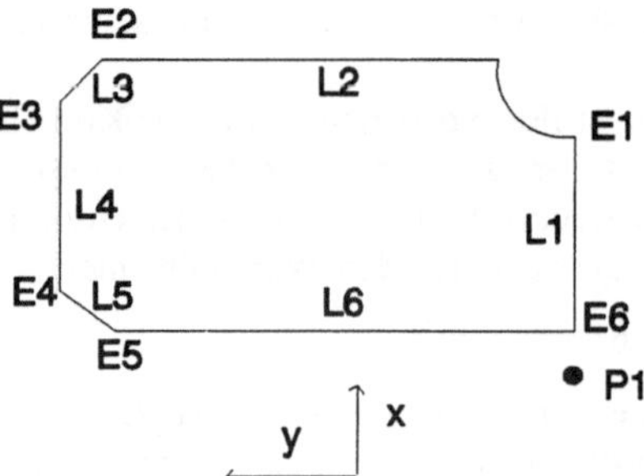

Bild 5-1: Kontur eines Werkstücks

```
    var
        Orientierung    : Rotation;
        L               : array [3..6] of Vector;
        Ecke            : array [1..6] of Frame;
        P1              : Frame;
        Center          : Vector;
        i               : Integer;
        Check           : Boolean; { wird in diesem Beispiel }
                                   { nicht ausgewertet       }

    begin
        SysInit;
```

```
  { Kreismittelpunkt: }
  MakeVec(Center, 120.0, -25.0, 50.0);

  { Translationen: }
  MakeVec(L[3], -4.0,    4.0, 0.0);
  MakeVec(L[4], -9.0,    0.0, 0.0);
  MakeVec(L[5], -4.0, - 6.0, 0.0);
  MakeVec(L[6],  0.0, -44.0, 0.0);

  { Frames: }
  Check := MakeRot(Orientierung, YAxis, 180.0);
  P1.Rot := Orientierung;
  MakeVec(P1.Transl, 100.0, -25.0, 50.0);
  Ecke[1].Rot := Orientierung;
  MakeVec(Ecke[1].Transl, 113.0, -25.0, 50.0);
  Ecke[2].Rot := Orientierung;
  MakeVec(Ecke[2].Transl, 120.0, 21.0, 50.0);
  for i := 3 to 6 do begin
        ShiftFrame(Ecke[i], L[i], Ecke[i-1]);
  end;

  { Steuerung: }
  RobotOn(Robot1);
  MoveHome(Robot1);
  MovePtP(Robot1, P1);
  { Geschwindigkeit steuern }
  { Funktion des Werkzeugs steuern }
  MoveLinear(Robot1, Ecke[1]);
  MoveCircle(Robot1, -90.0, ZAxis, Center, false);
  for i := 2 to 6 do begin
        MoveLinear(Robot1, Ecke[i]);
  end;
  { Funktion des Werkzeugs steuern }
  { Geschwindigkeit steuern }
  MoveHome(Robot1);
  RobotOff(Robot1);
end.
```

Dieses Beispiel zeigt, daß ein Roboter die Arbeit einer CNC-gesteuerten Werkzeugmaschine ausführen kann. Dies bedeutet aber nicht, daß grundsätzlich CNC- oder SPS-gesteuerte Anlagen durch Roboter ersetzt werden sollten, denn die große Flexibilität der Roboter hat ihren Preis. Dort, wo Flexibilität nicht gefordert wird, ist eine einfachere Anlage kostengünstiger. Im Automobilbau beobachtet man z.B. in der Karosseriefertigung sehr viele Roboter, in der Motoren- oder Bremsenfertigung sieht man hingegen viele SPS-gesteuerte Montageautomaten. Auch werden CNC-gesteuerte Werkzeugmaschinen vielfach zusammen mit Robotern eingesetzt. Der Roboter übernimmt dabei das Be- und Entladen der Werkzeugmaschinen und nachgeschaltete Aufgaben wie das Entgraten von Werkstücken.

∎

Die Befehle von ROBOT-Tools werden entsprechend den Regeln von Pascal zunächst sequentiell abgearbeitet. Wenn die Hardware es zuläßt, wäre es denkbar, daß bestimmte Aktionen parallel ablaufen. So könnte gleichzeitig der Greifer zu einer neuen Lage bewegt werden und der Greifer könnte sich während der Bewegung öffnen. Zusätzlich könnte für diese Bewegung eine neue Geschwindigkeit festgelegt werden. ROBOT-Tools bietet hierfür die Möglichkeit, Befehle zu klammern. Die Klammern werden durch die Prozeduren DefMove und DoMove gebildet. Der Befehlssatz, welcher zwischen diesen Klammern steht, wird bei Aufruf von DoMove komplett an die Steuerung übergeben. Es hängt dann von den Gegebenheiten der Hardware und von der Implementierung von ROBOT-Tools ab, wie dieser Befehlssatz verarbeitet wird.

Ein anderes Beispiel wäre ein gleichzeitiger Bewegungsbefehl zum nächsten Frame und die Berechnung des übernächsten Frames, wenn der Steuerungsrechner mehr als einen Prozessor hat. Diese Zusammenfassung ist aber nur dann interessant, wenn ein Frame in Abhängigkeit von der momentanen Aktion berechnet wird. Bei stets wiederkehrenden Bewegungen würde man vorher wie in Beispiel 5.7 einen Satz Frames berechnen oder diesen Satz von einem File lesen und dann die Steuerung durchführen.

Für die Zusammenfassung von Befehlen ist zu jedem Roboter in ROBOT-Tools ein Puffer vorgesehen, welcher per Voreinstellung für 50 Pufferelemente ausgelegt ist. Eine Änderung der Länge dieses Puffers kann mit der Prozedur DefBufferLength erreicht werden.

Es ist zu beachten, daß die Klammerung durch DefMove und DoMove nur lokal gilt und hiermit nicht die Wirkung einer Prozedur erreicht wird. Nach Aufruf von DoMove gilt der Pufferinhalt als nicht mehr bekannt.

```
procedure DefMove ( Device : DeviceType);
```

Bedeutung des Parameters:

• Device ist der anzusprechende Roboter.

```
procedure DoMove ( Device : DeviceType);
```

Bedeutung des Parameters:

• Device ist der anzusprechende Roboter.

```
procedure DefBufferLength ( Device       : DeviceType;
                            BufferLength : Integer     );
```

Bedeutung der Parameter:

• Device ist der anzusprechende Roboter.
• BufferLength ist die maximale Anzahl der Pufferelemente.

Bei vielen Vorgängen ist es wünschenswert, daß der Roboter mit unterschiedlichen Geschwindigkeiten arbeitet. Beim Auftragen eines Klebers auf ein Werkstück soll der TCP nach Bereitstellung des Werkstücks schnell aus der Wartestellung in die Startstellung bewegt werden, das Auftragen des Klebers wird dann mit geringerer Geschwindigkeit durchgeführt. Abschließend wird der TCP wieder schnell in die Wartestellung bewegt.

Die Geschwindigkeit wird mit der Prozedur Speed gesteuert, die Parameterangabe erfolgt in Prozent der maximal möglichen Geschwindigkeit. Dieser Parameter wird als Override-Faktor bezeichnet. Die Änderung der Geschwindigkeit gilt ab Aufruf der Speed-Anweisung.

```
procedure Speed ( Device    : DeviceType;
                  NewSpeed : Real        );
```

Bedeutung der Parameter:

- Device ist der anzusprechende Roboter.
- NewSpeed ist die neue Geschwindigkeit in Prozent der maximal möglichen Geschwindigkeit.

■ **Beispiel 5.8**

In Beispiel 5.7 steht zweimal der Kommentar

> { Geschwindigkeit steuern }

Wir ersetzen den ersten Kommentar durch

> Speed(Robot1, 40.0);

und den zweiten Kommentar durch

> Speed(Robot1, 100.0);

Die Bearbeitung des Werkstücks erfolgt also mit 40% der maximal möglichen Geschwindigkeit. Für die Bewegung in die Home-Position wird danach wieder die maximal mögliche Geschwindigkeit vorgegeben.

■

Zusätzlich zur Geschwindigkeit sieht ROBOT-Tools eine Änderung der Beschleunigung vor. Eine reduzierte Beschleunigung ist beispielsweise beim Transport von Flüssigkeiten sinnvoll oder beim Greifen von empfindlichen Gegenständen mit geringen Greifkräften (Verpacken von hohlen Schokoladen-Figuren). Hier darf der Gegenstand nicht verloren werden. Eine hohe Bremsbeschleunigung kann Überschwingen verursachen.

Die Beschleunigungsänderung wird mit der Prozedur Acceleration gesteuert. Der entsprechende Parameter wird ebenfalls in Prozent angegeben und als Override-Faktor bezeichnet, die Prozentzahl bezieht sich hier aber auf die aktuelle Beschleunigung, so daß auch Zahlenwerte größer als 100.0 zulässig sind.

```
procedure Acceleration ( Device : DeviceType;
                         NewAcc : Real        );
```

Bedeutung der Parameter:

- Device ist der anzusprechende Roboter.
- NewAcc ist die neue Beschleunigung in Prozent der aktuellen Beschleunigung.

Die Werte für Speed und Acceleration können auch im PRO-Tutor gesetzt werden, sie haben jedoch auf die Simulation keinen Einfluß.

Eine weitere Prozedur zur Steuerung bestimmter Robotertypen ist DefPrefPos. In Bild 3-4 haben wir an einem Vertikal-Knickarmroboter gesehen, daß dieselbe Lage mit unterschiedlichen Sätzen von Roboterkoordinaten angenommen werden kann. Die gleiche Möglichkeit hat auch der Scara-Roboter in Bild 3-19. Mit den Werten Left oder Right läßt sich der entsprechende Satz von Roboterkoordinaten festlegen. Dies wird dann notwendig, wenn bei dem anderen Satz von Roboterkoordinaten eine Kollision mit Gegenständen im Arbeitsraum droht. Der Roboter agiert dann als Links- oder Rechtsarmroboter. Für einen Vertikal-Knickarmroboter ist die Zuordnung von Left und Right implementierungsabhängig. Man achte dabei auf das Problem der Überkopf-Bewegung.

Mit dem Wert Best überläßt man ROBOT-Tools die Auswahl des Roboterkoordinatensatzes. Hier wird dann intern diejenige Armhaltung gewählt, die der vorhergehenden am nächsten liegt.

Die neue Festlegung für die Armhaltung gilt ab Aufruf der Prozedur DefPrefPos.

```
procedure DefPrefPos (   Device     :DeviceType;
                     var NewPrefPos:PreferredPositionType);
```

Bedeutung der Parameter:

* Device ist der anzusprechende Roboter.
* NewPrefPos ist die ab Aufruf dieser Prozedur gültige Armhaltung.

5.2 Die Werkzeugsteuerung und die Signalbehandlung

Die Steuerung eines Werkzeugs, das Senden von Signalen an andere Geräte sowie die Verarbeitung von Sensorsignalen hängt von den technischen Gegebenheiten der Werkzeuge, der anderen Geräte und Sensoren ab. ROBOT-Tools sieht die zwei Prozeduren SetDigitalOutput und GetDigitalInput zum Setzen und Lesen digitaler Signale vor. Da das Werkzeug häufig ein Greifer ist, gibt es zur Kontrolle eines Greifers vier eigene Prozeduren.

Mit der Prozedur Grip wird ein Greifer gesteuert. Der Parameter GripId gibt dabei die Nummer eines Greiferausgangs an und der weitere Parameter GripVal dient zur Spezifizierung des Wertes, welcher auf den Greiferausgang gegeben wird. Im einfachsten Fall sind die Werte mit open und closed angegeben. Weitere Werte könnten verschiedene Griffweiten und Griffstärken sein. Kommandos an verschiedene Ausgänge können mit DefMove-DoMove zusammengefaßt werden.

```
procedure Grip ( Device  : DeviceType;
                 GripId  : Integer;
                 GripVal : WorkStateType );
```

Bedeutung der Parameter:

* Device ist der Roboter, dessen Greifer gesteuert wird.
* GripId ist die Nummer des anzusprechenden Greiferausgangs.
* GripVal ist der Wert, auf den der Greiferausgang gesetzt wird. WorkStateType ist ein Aufzählungstyp.

Die Abfrage von Greifereingängen wird mit der Prozedur QueryGrip programmiert. Je nach Bauart könnten hier Sensoren im Greifer abgefragt werden.

```
procedure QueryGrip (     Device   : DeviceType;
                      var GripVal  : WorkStateType;
                          GripId   : Integer        );
```

Bedeutung der Parameter:

- Device ist der Roboter, dessen Greifereingang abgefragt wird.
- GripVal ist der von der Prozedur ermittelte Wert des Greifereingangs.
- GripId ist die Nummer des abzufragenden Greifereingangs.

Die Verbindung eines Roboters mit einem Greifer kann flexibel programmiert werden mit den Prozeduren AttachGrip und Detachgrip. Hierbei geht es vornehmlich um die Verschiebung des TCP bei einer Roboterhand ohne Greifer und einer Roboterhand mit Greifer, welche als Vektor angegeben wird. Bei einem Greifer liegt der TCP zwischen den Greiferbacken, bei der Roboterhand ohne Greifer liegt der TCP am Flansch. Die entsprechende Verschiebung wird von den Prozeduren AttachGrip und DetachGrip berücksichtigt. Der Programmierer hat bei der Beschreibung seiner Frames die unterschiedlichen Positionen des TCP zu beachten.

Das Anbringen eines Greifers muß nicht notwendig manuell geschehen. Manche Roboter sind in der Lage, ihr Werkzeug automatisch zu wechseln. Das Werkzeug lagert dabei in einer Halterung im Arbeitsraum des Roboters.

```
procedure AttachGrip (     Device    : DeviceType;
                       var TCPOffset : Vector       );
```

Bedeutung der Parameter:

- Device ist der Roboter, an dem das neue Werkzeug befestigt wird.
- TCPOffset gibt die Verschiebung des TCP bei Verbindung der Roboterhand mit dem Greifer an.

```
procedure DetachGrip ( Device : DeviceType );
```

Bedeutung des Parameters:

- Device ist der Roboter, von dem das Werkzeug gelöst wird. Bei Aufruf dieser Prozedur wird automatisch die Verschiebung des TCP zum Flansch hin berücksichtigt.

Analog zu Grip und QueryGrip sind die Parameterlisten von SetDigitalOutput und GetDigitalInput aufgebaut.

```
procedure SetDigitalOutput ( Device : DeviceType;
                             OutVal : WorkStateType;
                             OutId  : Integer        );
```

Bedeutung der Parameter:

- Device hat den Wert DigCon für digitale Ausgänge.
- OutVal ist der Wert, auf den der Ausgang gesetzt wird. Die zulässigen Werte sind implementierungsabhängig.
- OutId ist die Nummer des zu setzenden Ausgangs.

```
procedure GetDigitalInput (     Device : DeviceType;
                            var InVal  : WorkStateType;
                                InId   : Integer        );
```

Bedeutung der Parameter:

- Device hat den Wert DigCon für digitale Eingänge.
- InVal ist der von der Prozedur ermittelte Wert des Eingangs. Die zulässigen Werte sind implementierungsabhängig.
- InId ist die Nummer des abzufragenden Eingangs.

■ Beispiel 5.9

In Beispiel 5.7 steht zweimal der Kommentar

```
{ Funktion des Werkzeugs steuern }
```

Wir ersetzen den ersten Kommentar durch

```
SetDigitalOutput(DigCon, on, 1);
```

und den zweiten Kommentar durch

```
SetDigitalOutput(DigCon, off, 1);
```

                                                                                    ■

■ Beispiel 5.10

Ein Scara-Roboter soll Bolzen aus einem Magazin entnehmen und diese in die Bohrungen einer Metallplatte einfügen (Bild 5-2). Das Bezugskoordinatensystem sei im Roboterfuß.

Die Metallplatte werde auf einem Transportsystem bis zu einem Anschlag befördert, so daß der Frame FAbs einer Ecke der Platte relativ zum Bezugskoordinatensystem bekannt ist. Die Orientierung von FAbs sei eine Drehung mit 180° um die z-Achse des Bezugskoordinatensystems und die Position sei (80.0, 15.0, 10.0). Die Einheit sei cm.

Die Frames, welche den TCP nach Einfügen der Bolzen relativ zu FAbs beschreiben, stehen im File 'Bohrungen.Fme', jede Platte habe drei Bohrungen, die abgerundet sind. Über ein Netzwerk kann während des Transports der Metallplatte ein neuer Satz Frames ins File geschrieben werden.

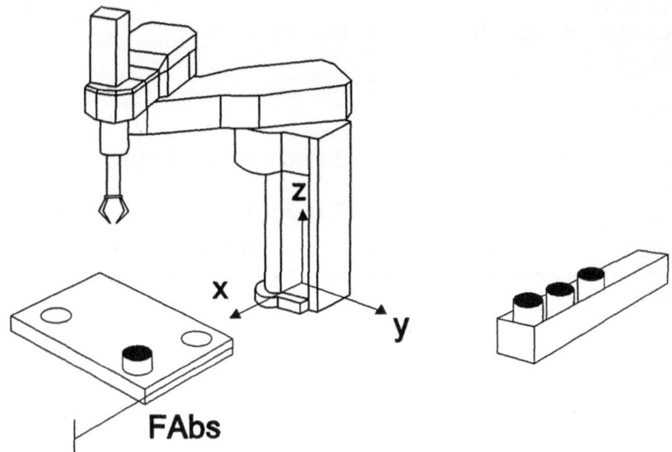

Bild 5-2: Greifen und Fügen

Die Orientierung des Greifers soll unabhängig von den Vorgaben als Drehung mit 180°
um die y-Achse des Bezugskoordinatensystems gegeben sein. Das Einfügen beginnt 5
cm oberhalb des eingelesenen Frames (Lage[1]). Bei 3.1 cm oberhalb (Lage[2]) folgen
Drehbewegungen mit Vorschub um insgesamt 4 mm zur Einführung des Bolzens in die
Öffnung (Lage[3]-Lage[6]). Dann wird der Zielframe angefahren.

Der TCP beim Greifen des Bolzens im Magazin ist gegeben durch den Frame PackZu
mit der vorgegebenen Orientierung und der Position (0.0, 80.0, 12.0). 8 cm über
diesem Frame sei die Wartestellung des Greifers durch den Frame UeberMagazin
beschrieben. Ein Bolzen werde mit verringerter Geschwindigkeit aus dem Magazin
gezogen.

Der Fügevorgang wird ausgelöst durch ein Signal Start an den Steuerrechner. Der
Steuerrechner sendet daraufhin das Signal Wait an das Transportsystem. Nach den drei
Fügevorgängen sendet der Steuerrechner das Signal Next an das Transportsystem.

Es sei MaxAxis = 4, die Achse Nr. 4 sei die z-Achse des Greiferkoordinatensystems.
Ferner sei WorkStateType = (open, closed, stop, start, wait, next);

```
type
  Index      = 1..6;
  Lage_Typ = array[Index] of Frame;
  Z_Typ      = array[Index] of Vector;
var
  Eingabe      : DeviceType;
  InVal        : WorkStateType;
  Check        : Boolean; { wird in diesem Beispiel }
                          { nicht ausgewertet       }
{ Frames: }
  PackZu, UeberMagazin   : Frame;
  FAbs, Ziel             : Frame;
  Lage                   : Lage_Typ;
```

```pascal
  { Rotationen: }
    Orientierung, Dreh        : Rotation;
  { Vektoren: }
    Z                         : Z_Typ;
  { Filename: }
    NameBohrungen             : packed array [1..13] of Char;
    NameFramefile             : DataSetNameType;
  { Laufvariable: }
    i                         : Integer;

procedure Blank(var Filename : DataSetNameType);
{*********************************************}
{ Besetzt Filename mit Blanks.               }
{ Wird aus Beispiel 4.51 übernommen.         }
{*********************************************}

procedure Z_Init(var Z : Z_Typ);
{***********************************************}
{ Setzt die Offsets über der Bohrung in Z ein. }
{***********************************************}

var
  Distance      : Vector;
  j             : Index;
begin
  MakeVec(Distance, 0.0, 0.0, 0.1);
  MakeVec(Z[1], 0.0, 0.0, 5.0);
  MakeVec(Z[2], 0.0, 0.0, 3.1);
  for j:= 3 to 6 do begin
       SubVec(Z[j], Z[j-1], Distance);
  end;
end; { Z_Init }

procedure Frame_Berechnen(var FAbs :Frame;
                          var Ziel :Frame;
                          var Lage :Lage_Typ;
                          var Z    :Z_Typ      );
{********************************************************}
{ Liest einen Frame vom File und berechnet die Frames }
{ für den Fügevorgang.                                 }
{********************************************************}
var
  FRel          : Frame;
  j             : Index;
  ShiftIndex    : set of Index;
  ZwiVec        : Vector;
begin
  ShiftIndex := [1,2,4,6];
  ReadFrame(Eingabe, Matrix, FRel);
  TransFrame(Ziel, FAbs, Frel);
  Ziel.Rot := Orientierung;
  for j := 1 to 6 do begin
       if j in ShiftIndex then begin
         ShiftFrame(Lage[j], Z[j], Ziel);
       end
```

```
         else begin
           AddVec(ZwiVec, Ziel.Transl, Z[j]);
           MakeFrame(Lage[j], Dreh, ZwiVec);
         end;
  end;
end; { Frame_Berechnen }

procedure Bolzen(var PackZu, UeberMagazin : Frame;
                 var Ziel                 : Frame;
                 var Lage                 : Lage_Typ );
{**************************************}
{ Greift einen Bolzen und fügt ihn ein. }
{**************************************}
var
  j : Index;
begin
  MoveLinear(Robot2, PackZu);
  Grip(Robot2, 1, closed);
  Speed(Robot2, 60.0);
  MoveLinear(Robot2, UeberMagazin);
  Speed(Robot2, 100.0);
  MovePtP(Robot2, Lage[1]);
  for j := 2 to 6 do begin
        MoveLinear(Robot2, Lage[j]);
  end;
  MoveLinear(Robot2, Ziel);
  Grip(Robot2, 1, open);
  MoveLinear(Robot2, Lage[1]);
  MovePtP(Robot2, UeberMagazin);
end; { Bolzen }

begin { Hauptprogramm }
{********************}
  SysInit;
{ Setzen der Anfangswerte: }
  Check := MakeRotXA(Orientierung, YAxis, 180.0);
  MakeRotXyz(Dreh, 0.0, 180.0, 20.0);

  PackZu.Rot := Orientierung;
  UeberMagazin.Rot := Orientierung;
  MakeVec(PackZu.Transl, 0.0, 80.0, 12.0);
  MakeVec(UeberMagazin.Transl, 0.0, 80.0, 20.0);
  SetFrame(FAbs, ZAxis, 180.0, 80.0, 15.0, 10.0);

  Z_Init(Z);
{ Filenamen eintragen: }
  Eingabe := Framefile;
  NameBohrungen := 'Bohrungen.Fme';
  Blank(NameFramefile);
  Unpack(NameBohrungen, NameFramefile, 1);
{ Bewegung zur Warteposition: }
  RobotOn(Robot2);
  DefMove(Robot2);
        MovePtP(Robot2, UeberMagazin);
        Grip(Robot2, 1, open);
  DoMove(Robot2);
```

```
{ Greifen und Fügen: }
  while true do begin
        InVal := stop;
        while InVal <> start do begin
           GetDigitalInput(DigCon, InVal, 8);
        end;
        SetDigitalOutput(DigCon, wait, 2);
        AssignFile(Eingabe, true, true, NameFramefile);
        for i := 1 to 3 do begin
           Frame_Berechnen(FAbs, Ziel, Lage, Z);
           Bolzen(PackZu, UeberMagazin, Ziel, Lage);
        end;
        CloseFile(Eingabe);
        SetDigitalOutput(DigCon, next, 2);
  end; { Endlosschleife }
end.
```

5.3 Die Teach-Box

Mit einer Roboter-Programmiersprache lassen sich nicht nur Offline-Programme erstellen, wie es in den vorstehenden Abschnitten gezeigt wurde, sondern es kann damit auch ein Teachin-System programmiert werden. Hier werden die Bewegungen eines Roboters online mit einer Rechnertastatur gesteuert. In der industriellen Praxis gibt es dafür auch kleine tragbare Tastaturen.

Im industriellen Teachin-Verfahren können die angefahrenen Lagen abgespeichert werden, und der Roboter kann die Lagen hinterher automatisch wieder anfahren. Im PRO-Tutor ist ein Teachin-Verfahren exemplarisch realisiert worden. Die Programmierung erfolgte natürlich mit ROBOT-Tools.

Zur Arbeit mit der Teach-Box wähle man im PRO-Tutor den Menüpunkt *Teach*. Nun ist es möglich, den Roboter online in der Simulation zu steuern oder aber direkt den angeschlossenen Mitsubishi RM 501 zu steuern. Die Bedienung der Teach-Box ist auf den Bildschirmseiten 2.4.1-2.4.4 des PRO-Tutors erklärt. Es soll an dieser Stelle nur kurz auf das I/D-Symbol bei der kartesischen Bewegung eingegangen werden.

D steht für direkt. Bei Anwählen einer Bewegung entlang der x-, y- oder z-Achse des Bezugskoordinatensystems im Roboterfuß wird die Bewegung sofort ausgeführt. Würde die Bewegung aus dem Arbeitsraum des Roboters hinausführen, so erscheint eine Fehlermeldung auf dem Bildschirm.

I steht für indirekt. Jetzt können mehrere kartesische Bewegungen hintereinander angewählt werden. Die Ausführung der Kommandos wird dann wahlweise durch Anwahl des *PtP*-Kästchens oder des *Linear*-Kästchens gestartet.

5.4 Zusammenstellung der Steuer-Routinen

Tabelle 5.1: Die Robotersteuerung

Name	Bedeutung
Acceleration	: Einstellen der Beschleunigung
AttachGrip	: Anflanschen eines Werkzeugs
DefBufferLength	: Festlegung der Roboterpufferlänge
DefHomeOrder	: Festlegung der Achsreihenfolge
DefHomePos	: Festlegung der Home-Position
DefMove	: Definition zusammengesetzter Aktionen
DefPrefPos	: Festlegung der Armhaltung
DetachGrip	: Lösen eines Werkzeugs
DoMove	: Ausführung zusammengesetzer Aktionen
Drive	: Anfahren eines Achswinkelsatzes
DriveJoint	: Bewegung einer Roboterachse
GetDigitalInput	: Abfrage eines digitalen Eingangs
Grip	: Setzen eines Greiferausgangs
MoveCircle	: Ausführung eines Kreisbewegung
MoveHome	: Anfahren der Home-Position
MoveLinear	: Ausführung einer geradlinigen Bewegung
MovePtP	: Punkt-zu-Punkt-Bewegung
QueryGrip	: Abfrage eines Greifereingangs
RobotOff	: Roboter logisch abtrennen
RobotOn	: Roboter logisch anschließen
SetDigitalOutput	: Setzen eines digitalen Ausgangs
Speed	: Einstellen der Geschwindigkeit

Übungsaufgaben

Ü 5.1) Definieren Sie sich im PRO-Tutor im Menüzweig *Strg* zusätzlich zur vor-
        eingestellten Home-Position eine neue Home-Position. Wechseln Sie nun unter
        Verwendung von DefHomePos und MoveHome mehrfach zwischen diesen
        beiden Home-Positionen und ändern sie zwischendurch mit DefHomeOrder
        die Reihenfolge, mit welcher die Achsen in die Home-Position bewegt wer-
        den. Sie können die unterschiedliche Reihenfolge in der Simulation beobach-
        ten.

Ü 5.2) Veranlassen Sie im PRO-Tutor die Drehung eines Roboters mit 40° um die
        5.Achse.

        Anschließend sollen die folgenden Winkel angesteuert werden:

                30° um die 1.Achse,
                15° um die 3.Achse,
                0° um die anderen Achsen.

        Danach soll die 5.Achse um -45° gedreht werden.

Ü 5.3) Schreiben Sie ein Programm mit ROBOT-Tools für folgende Aufgabe.

        Der Ursprung des Bezugskoordinatensystems sei im Fuß eines Roboters. Der
        Roboter fahre seine Home-Position an. Dann führe er folgende Bewegung
        aus. Zunächst werde als Orientierung eine Drehung mit -90° um die y-Achse
        des Bezugskoordinatensystems angesteuert. Danach sollen nacheinander bei
        gleichbleibender Orientierung die folgenden drei Positionen angefahren wer-
        den, wobei b) und c) jeweils relativ zur vorhergehenden Position zu inter-
        pretieren ist. (Die Einheit sei cm)

        a) Transl = (-270.0, 0.0, 150.0).
        b) Eine Bewegung zu einer Position 20 cm in Richtung der y-Achse, -30 cm
           in Richtung der z-Achse des Bezugskoordinatensystems.
        c) Eine Bewegung vom Roboterfuß weg zu einer Position 10 cm senkrecht zu
           der durch den Positionsvektor aus Teil b und der y-Achse des Bezugskoor-
           dinatensystems gegebenen Ebene.

        Jetzt soll eine Drehung des Greifers mit 100° um die g_z-Achse des Greifer-
        koordinatensystems erfolgen.

        Abschließend sollen alle Bewegungen in umgekehrter Reihenfolge ausgeführt
        werden, so daß der Roboter wieder die Home-Position einnimmt.

Ü 5.4) In Ü 5.3 werde der Fuß des Roboters um -2 cm in Richtung der x-Achse des
        Bezugskoordinatensystems verschoben. Anschließend werde der Ursprung des
        Bezugskoordinatensystems wieder in den Fuß des Roboters gelegt. Mit Aus-
        nahme der neuen Home-Position sollen die gleichen Lagen angefahren werden
        wie in Ü 5.3. Die alten Lagen sind nun aber mit dem verschobenen Bezugs-
        koordinatensystem anzugeben. Wie ändert sich das Programm aus Ü 5.3?

Ü 5.5) Für drei Frames F1, F2, F3 sei die Orientierung gegeben als Drehung mit 180° um die y-Achse. Die Positionen seien gegeben durch

$$F1.Transl = (30.0, \ 0.0, \ 10.0)$$
$$F2.Transl = (35.0, \ 10.0, \ 10.0)$$
$$F3.Transl = (30.0, \ 10.0, \ 10.0)$$

Schreiben Sie ein Programm zur Steuerung eines Roboters, dessen Greifer von der Home-Position aus zunächst F1 anfährt. Danach beschreibe der Greifer ein Dreieck, indem er sich linear zu F2, zu F3 und wieder zu F1 bewegt. Abschließend werde die Home-Position angefahren.

Simulieren Sie die Bewegung mit Hilfe des PRO-Tutors.

Ü 5.6) Schreiben Sie ein Programm für folgende Bewegung des TCPs eines Roboters. Die Orientierung sei konstant als Drehung mit 90° um die y-Achse des Bezugskoordinatensystems gegeben. Der TCP bewege sich aus der Home-Position zur Position UL = (180.0, 0.0, 20.0). Diese Position sei die untere linke Ecke eines Quadrats mit Kantenlänge 25.0, welches Parallel zur y-z-Ebene des Bezugskoordinatensystems liegt. Der TCP bewege sich nun im Uhrzeigersinn auf den Kanten des Quadrats und fahre nach Erreichen der Position UL wieder in die Home-Position.

Ü 5.7) Die Orientierung eines Robotergreifers sei gegeben als Drehung mit 180° um die y-Achse. Steuern Sie den Greifer durch ein Programm, so daß der Greifer einen Kreis mit Radius 5.0 um den Punkt (32.0, 0.0, 10.0) beschreibt. Die Orientierung bleibe konstant.

Teilen Sie die Bewegung so auf, daß nacheinander vier Drehungen mit je 90° durchgeführt werden und rufen Sie nach jeder Teildrehung QueryActualFrame zur Anzeige der aktuellen Lage auf.

Simulieren Sie Ihr Programm mit dem PRO-Tutor.

Ü 5.8) Für die in Übung Ü 4.51 beschriebene Aufgabe des Lackierens eines Bleches soll nun die Steuerung programmiert werden. Die in Ü 4.51 beschriebenen Bahnen sollen so geändert werden, daß die Bahnen im Abstand von 3.0 cm von der Blechkante beginnen und im gleichen Abstand vor der anderen Kante aufhören. An den Enden der Bahnen ist dann ein Halbkreis mit Radius 2.5 cm zur jeweils nächsten Bahn zu beschreiben. Die Bahnen werden also nacheinander in wechselnder Richtung durchlaufen. Die Steuerung der Funktion der Spritzpistole ist in dieser Übung als Kommentar einzufügen.

Ü 5.9) Schreiben Sie Gruppen von Anweisungen auf, die sinnvollerweise durch DefMove und DoMove zusammengefaßt werden können.

Ü 5.10) Erweitern Sie Übung Ü 5.8 so, daß die Beschleunigung auf 80% gesetzt wird. Die Spritzpistole soll mit maximaler Geschwindigkeit in die Startposition bewegt werden und nach vollendeter Arbeit ebenfalls mit maximaler Geschwindigkeit in die Home-Position bewegt werden. Das Lackieren soll mit 60% der maximalen Geschwindigkeit erfolgen.

Ü 5.11) Arbeiten Sie mit Grip und QueryGrip im PRO-Tutor.

Ü 5.12) Erweitern Sie die Übungen Ü 5.8 und Ü 5.10, so daß Sie ein Start- und ein Stopsignal für die Spritzpistole programmieren. Benutzen Sie die DefMove-DoMove-Klammer, damit die Bewegung beim Lackieren gleichzeitig mit dem Farbauftrag beginnt.

Ü 5.13) Schreiben Sie ein Programm für einen Roboter mit einem Greifer, welcher Gegenstände von einem Montageband hebt und diese auf ein zweites Montageband legt, welches mit einem Abstand von 3 m parallel in entgegengesetzer Richtung zum ersten Band läuft. Fertigen Sie zunächst eine Skizze der Montagebänder und des Roboters an.

Ü 5.14) Erweitern Sie Übung Ü 5.13 so, daß eine Lichtschranke die Höhe der Gegenstände kontrolliert. Bei einem Wechsel der Höhe ist der Greifer zu wechseln. Definieren Sie eine Lage, in welcher der Greifer manuell gewechselt werden kann. Fordern Sie den Bediener/die Bedienerin am Bildschirm des Rechners auf, den Greifer zu wechseln und den neuen Offset des TCP einzugeben.

Ü 5.15) Bewegen Sie im PRO-Tutor in der Teach-Box die einzelnen Achsen des simulierten Roboters.

Ü 5.16) Steuern Sie den simulierten Roboter mit der Teach-Box im PRO-Tutor in eine Lage, aus welcher heraus Sie kartesische Bewegungen mit der Teach-Box ausführen können.

Ü 5.17) Steuern Sie den simulierten Roboter mit der Teach-Box im PRO-Tutor zu folgenden Positionen, welche Sie im Kasten *Kartesisch* ablesen können:

  a) (28.98, 24.32, 63.17)
  b) (8.33, -47.22, 32.79)
  c) (-8.43, -47.84, 24.35)
  d) (-6.29, -35.65, 10.61)
  e) (10.29, -35.65, 10.61)

Fahren Sie abschließend die Home-Position an.

Ü 5.18) Steuern Sie den simulierten Roboter mit der Teach-Box im PRO-Tutor, so daß die folgenden Roboterkoordinaten im Kasten *Achsen* abgelesen werden können:

  a) (20.0, 40.0, 60.0, 0.0, 90.0)
  b) (20.0, 40.0, 80.0, 45.0, 0.0)
  c) (22.0, 40.0, 82.0, 37.0, 0.0)
  d) (-44.0, 40.0, 2.0, 37.0, 0.0)

Fahren Sie abschließend die Home-Position an.

6 Die Einbindung von ROBOT-Tools

Die Einbindung von ROBOT-Tools in ein Pascal-Programm ist denkbar einfach. Sie soll hier anhand der Variante für Microsoft-Pascal skizziert werden. Mit der Compilerdirektive Include können externe Quellfiles zu Beginn der Übersetzung durch den Compiler in einen Pascal-Quelltext kopiert werden. Die für ROBOT-Tools notwendigen Definitionen und Deklarationen stehen in mehreren Include-Files, welche mit der Extension .inc enden. Der Definitions- und Deklarationsteil eines Programms mit ROBOT-Tools hat dann folgendes Aussehen:

```
const
      {$Include: 'rtcon.inc'}
      Konstantendefinitionen des Benutzers
type
      {$Include: 'rttyp.inc'}
      Typdefinitionen des Benutzers
var
      {$Include: 'rtvar.inc'}
      Variablendeklarationen des Benutzers

{$Include: 'rtexp.inc'}
Prozedur- und Funktionsdeklarationen des Benutzers

begin
```

Als Quellfiles können die .inc-Files mit einem Editor gelesen werden. Im File rtexp.inc sieht man dann, daß die Prozeduren und Funktionen als Externals deklariert werden. Dies besagt, daß die Prozeduren und Funktionen in einem anderen Quellfile stehen. Microsoft-Pascal erlaubt, wie die Pascal-Varianten vieler anderer Hersteller auch, die separate Übersetzung von Programmeinheiten. Die übersetzten Prozeduren und Funktionen von ROBOT-Tools sind als Objekte in der Library rtlib zusammengefaßt. Diese Library muß dem Linker bekannt gegeben werden und eine DOS-Kommandozeile zum Linken eines übersetzten Files mit dem Namen Entladen.pas könnte zum Beispiel lauten

```
link Entladen,,,rtlib+\mspascal\
```

Damit ist die Einbindung von ROBOT-Tools bereits vollständig beschrieben worden.

■ **Beispiel 6.1**

Das Beispiel 4.51, Entladen einer Palette, wird nun als vollständiges Pascal-Programm geschrieben. Hierzu wird die Aufgabe näher spezifiziert. Auf der Palette stehen wie in Bild 4-12 bis zu 12 Gegenstände in einer 3 × 4-Anordnung. Die Palette ist gegen zwei rechtwinklig zueinander stehende Anschläge zu schieben. Damit ist die Lage einer Ecke gegenüber dem Bezugskoordinatensystem im Roboterfuß bekannt, sie steht als Frame im File Palette.Fme.

Die Frames, welche die Lage des TCP beim Greifen der Gegenstände beschreiben, sind relativ zur Ecke angegeben und werden bei der Bereitstellung der Palette über ein Netzwerk in das File Ladung.Fme kopiert. Stehen weniger als 12 Gegenstände auf der Palette, so ist an der betreffenden Position der NilFrame eingetragen. Wird das Programm während des Entladens abgebrochen, so wird an den bereits entladenen Positionen im File Ladung.Fme der NilFrame eingetragen. Nach erneutem Programmstart kann die Entladung fortgesetzt werden.

Die Position des TCP zum Absetzen des Gegenstandes auf dem Förderband sei (0.0, -150.0, 140.0) mit der Einheit cm. Die Orientierung sei durch die Eulerwinkel (-90.0, 90.0, 0.0) beschrieben. Der entsprechende Frame heißt Absetzen.

Vor dem Greifen des Gegenstandes und zum Anheben wird der Frame UeberPalette 30 cm über dem Frame zum Greifen des Gegenstandes angefahren. Vor dem Absetzen werden die Lagen Vorband mit der Position (40.0, -150.0, 170.0) und Ueberband mit der Position (0.0, -150.0, 170.0) angefahren.

Greifen, Aufnehmen und Absetzen erfolgen mit verringerter Geschwindigkeit.

Das Zusammenwirken von Roboter, Palette und Förderband wird mit den Signalen aus Tabelle 6.1 koordiniert. Es sei ferner

WorkStateType = (open, closed, stop, go, off, on);

Tabelle 6.1: Signale

Signalname	Ausgang Eingang	Werte	Prozedur
	1	open/closed	Grip
BandMove	2	stop/go	SetDigitalOutput
BandInfo	8	stop/go	GetDigitalInput
Anschlag1	9	off/on	GetDigitalInput
Anschlag2	10	off/on	GetDigitalInput

Das Entladen beginnt, wenn die Bandsteuerung das Signal BandInfo = go sendet, die Anschläge jeweils on signalisieren und ein Bediener die Entladung an der Console startet. Vor dem Absetzen wird das Band mit BandMove = stop angehalten, nach dem Absetzen wird es mit BandMove = go freigegeben.

Folgende vom Benutzer erstellte Prozeduren werden verwendet:

procedure Blank   Besetzt das Feld für den Filenamen mit Blanks.

procedure FrameInit   Besetzt Frames zum Absetzen des Gegenstandes und für die Ecke der Palette mit Werten.

procedure VectorInit   Bestimmt den Offset beim Anheben oberhalb der Palette.

procedure NameInit   Besetzt das Feld für den Filenamen mit dem Namen Ladung.Fme.

procedure Lesen   Liest wiederholt eine Eingabe von der Console, bis diese 'ja' oder 'nein' ist.

procedure BandAbfragen	Fragt Signal BandInfo von der Bandsteuerung ab. Für BandInfo = go wird das Programm fortgesetzt. Für BandInfo = stop kann das Programm abgebrochen werden.
procedure PaletteBereit	Prüft, ob die Palette die beiden Anschläge berührt.
procedure StartBestaetigen	Fragt den Bediener, ob die Entladung beginnen kann.
procedure FramesKopieren	Liest die Frames der Palettenladung vom File Ladung.Fme oder schreibt die Frames auf dieses File.
procedure Abladen	Steuert das Greifen der Gegenstände und das Absetzen auf dem Förderband. Vor jedem Greifen wird das Signal BandInfo abgefragt. Steht das Signal auf stop, kann das Programm abgebrochen werden. In diesem Fall werden die Frames der Ladung auf die Palette zurückgeschrieben, wobei für jeden entladenen Gegenstand der NilFrame eingetragen wird.

Die Aufrufhierarchie der vom Benutzer erstellten Prozeduren:

```
Entladen        -> FrameInit        -> Blank
                -> VectorInit
                -> NameInit         -> Blank
                -> Lesen
                -> BandAbfragen     -> Lesen
                -> PaletteBereit
                -> StartBestaetigen -> Lesen
                -> FramesKopieren
                -> Abladen          -> BandAbfragen   -> Lesen
                                    -> FramesKopieren
```

Das Programm:

```pascal
program Entladen(Input, Output);
{*****************************************************************}
{ Entladen einer Palette und Beladen eines Förderbandes. }
{*****************************************************************}
label
     100,        { Beginn der Entladung }
     9999;       { Programm-Ende            }
const
     {$Include: 'rtcom.inc'}
     Nein = 'nein';
     Ja   = 'ja  ';

type
     {$Include: 'rttyp.inc'}
     Richtung    = (VonDisk, ZurDisk);
     AntwortTyp  = packed array [1..4] of Char;
     FrameFeld   = array [1..3,1..4] of Frame;
```

```pascal
var
    {$Include: 'rtvar.inc'}
    FrameIO                            : DeviceType;
  { Frames: }
    Palette                           : Frame;
    Absetzen, UeberBand, VorBand  : Frame;
    Ladung                            : FrameFeld;
  { Vektoren: }
    Z     : Vector;
  { Filename und Antwort }
    NameFramefile                     : DataSetNameType;
    Antwort                           : AntwortTyp;

{$Include: 'rtexp.inc'}

procedure Blank ( var Filename : DataSetNameType);
{***********************************************************}
{ Besetzt das Feld für den Filenamen mit Blanks. }
{***********************************************************}
var
    i : Integer;
begin
    for i := 1 to 80 do begin
         Filename[i] := ' ';
    end;
end; { Blank }

procedure FrameInit(var Absetzen,Ueberband,VorBand:Frame;
                    var Palette                      :Frame);
{*****************************************************************}
{ Besetzt Frames zum Absetzen des Gegenstandes und für     }
{ die Ecke der Palette mit Werten.                          }
{*****************************************************************}
{ Globale Variablen : NameFramefile : DataSetNameType   }
{                     FrameIO        : DeviceType        }
var
    Orientierung   : Rotation;
    NamePalette    : packed array [1..11] of Char;
begin
  { Frames zum Absetzen auf dem Förderband: }
    MakeRotEuler(Orientierung, -90.0, 90.0, 0.0);
    Absetzen.Rot := Orientierung;
    MakeVec(Absetzen.Transl, 0.0, -150.0, 140.0);
    UeberBand.Rot := Orientierung;
    MakeVec(UeberBand.Transl, 0.0, -150.0, 170.0);
    VorBand.Rot := Orientierung;
    MakeVec(VorBand.Transl, 40.0, -150.0, 170.0);
  { Frame der Palettenecke: }
    NamePalette := 'Palette.Fme';
    Blank(NameFramefile);
    Unpack(NamePalette, NameFramefile, 1);
    AssignFile(FrameIO, true, true, NameFramefile);
    ReadFrame(FrameIO, Matrix, Palette);
    CloseFile(FrameIO);
end; { FrameInit }
```

```pascal
procedure VectorInit ( var Z : Vector );
{*****************************************************}
{ Bestimmt den Offset beim Anheben oberhalb der Palette. }
{*****************************************************}
begin
     MakeVec(Z, 0.0, 0.0, 30.0);
end; { VectorInit }

procedure NameInit ( var NameFramefile : DataSetNameType);
{*********************************************************}
{ Besetzt das Feld für den Filenamen mit dem Namen       }
{ Ladung.Fme.                                            }
{*********************************************************}
var
     NameLadung : packed Array [1..10] of Char;
begin
     NameLadung := 'Ladung.Fme';
     Blank(NameFramefile);
     Unpack(NameLadung, NameFramefile, 1);
end; { NameInit }

procedure Lesen ( var Antwort : AntwortTyp);
{*****************************************************}
{ Liest wiederholt eine Eingabe von der Console, bis }
{ diese  'ja' oder 'nein' ist.                       }
{*****************************************************}
begin
     Readln(Antwort);
     while (Antwort <> Ja) and (Antwort <> Nein) do begin
          Writeln('Bitte ja oder nein eingeben:');
          Readln(Antwort);
     end;
end; { Lesen }

procedure BandAbfragen ( var Antwort : AntwortTyp);
{*********************************************************}
{ Fragt Signal BandInfo von der Bandsteuerung ab.        }
{ Für BandInfo = go wird das Programm fortgesetzt.       }
{ Für BandInfo = stop kann das Programm abgebrochen werden.}
{*********************************************************}
label
     99; { Prozedur-Ende }
var
     BandInfo : WorkStateType;
begin
     GetDigitalInput(DigCon, BandInfo, 8);
     while BandInfo = stop do begin
        Writeln('BandInfo = stop! Fortfahren? (ja/nein):');
        Lesen(Antwort);
        if Antwort = Nein then begin
          goto 99; { Prozedur-Ende }
        end;
        GetDigitalInput(DigCon, BandInfo, 8);
     end;
99:    { Prozedur-Ende }
end; { BandAbfragen }
```

```pascal
procedure PaletteBereit;
{********************************************************}
{ Prüft, ob die Palette die beiden Anschläge berührt. }
{********************************************************}
var
     Anschlag1, Anschlag2 : WorkStateType;
     Meldung              : Boolean;
begin
     Meldung := true;
     GetDigitalInput(DigCon, Anschlag1,  9);
     GetDigitalInput(DigCon, Anschlag2, 10);
     while (Anschlag1 = off) or (Anschlag2 = off) do begin
          if Meldung = true then begin
               Meldung := false;
               Writeln('Palette ist nicht am Anschlag!');
          end;
          GetDigitalInput(DigCon, Anschlag1,  9);
          GetDigitalInput(DigCon, Anschlag2, 10);
     end;
     Writeln('Palette an beiden Anschlägen.');
end; { PaletteBereit }

procedure StartBestaetigen;
{*********************************************************}
{ Fragt den Bediener, ob die Entladung beginnen kann. }
{*********************************************************}
var
     Antwort : AntwortTyp;
begin
     Antwort := Nein;
     while Antwort = Nein do begin
          Writeln('Kann Entladung Beginnen? (ja/nein):');
          Lesen(Antwort);
     end;
end; { StartBestaetigen }

procedure FramesKopieren(var Ladung        :FrameFeld;
                         var NameFramefile:DataSetNameType;
                         VonZu            :Richtung        );
{***********************************************************}
{ Liest die Frames der Palettenladung vom File Ladung.Fme }
{ oder schreibt die Frames auf dieses File.              }
{***********************************************************}
{ Globale Variable : FrameIO : DeviceType                 }
var
     i, j : Integer;
begin
     if VonZu = VonDisk then begin
          AssignFile(FrameIO, true, true, NameFramefile);
          for i := 1 to 3 do begin
             for j := 1 to 4 do begin
               ReadFrame(FrameIO, Matrix, Ladung[i,j]);
             end;
          end;
     end
```

```pascal
    else begin
        AssignFile(FrameIO, true, false, NameFramefile);
        for i := 1 to 3 do begin
            for j := 1 to 4 do begin
                WriteFrame(FrameIO, Matrix, Ladung[i,j]);
            end;
        end;
    end;
    CloseFile(FrameIO);
end; { FramesKopieren }

procedure Abladen ( var Ladung              : FrameFeld;
                    var Palette             : Frame;
                    var Absetzen,UeberBand,VorBand : Frame;
                    var Z                   : Vector;
                    var Antwort             : AntwortTyp;
                    var NameFramefile   : DataSetNameType );
{**********************************************************}
{ Steuert das Greifen der Gegenstände und das Absetzen    }
{ auf dem Förderband.                                      }
{ Vor jedem Greifen wird das Signal BandInfo abgefragt.   }
{ Steht das Signal auf stop, kann das Programm            }
{ abgebrochen werden. In diesem Fall werden die Frames    }
{ der Ladung auf die Palette zurückgeschrieben, wobei für }
{ jeden entladenen Gegenstand der NilFrame eingetragen    }
{ wird.                                                    }
{**********************************************************}
label
    10, { Continue     }
    99; { Prozedur-Ende }
var
    PackZu, Ueberpalette : Frame;
    i, j                 : Integer;
begin
    for j := 1 to 4 do begin        { Spaltenweises Abladen }
        for i := 3 downto 1 do begin
            BandAbfragen(Antwort);
            if Antwort = Nein then begin
                FramesKopieren(Ladung,NameFramefile,ZurDisk);
                goto 99; { Prozedur-Ende }
            end;
            if (Ladung[i,j].Transl.x = 0.0) and
               (Ladung[i,j].Transl.y = 0.0) and
               (Ladung[i,j].Transl.z = 0.0) then begin
                { Ladung[i,j] wird als NilFrame angesehen. }
                { Die Orientierung wird nicht geprüft.     }
                goto 10; { Continue }
            end;
            TransFrame(PackZu, Palette, Ladung[i,j]);
            ShiftFrame(UeberPalette, Z, PackZu);
            MovePtP(Robot1, UeberPalette);
            DefMove(Robot1);
                Speed(Robot1, 60.0);
                MoveLinear(Robot1, PackZu);
            DoMove(Robot1);
            Grip(Robot1, 1, closed);
```

```pascal
                MoveLinear(Robot1, UeberPalette);
                Ladung[i,j] := NilFrame;
                DefMove(Robot1);
                    Speed(Robot1, 100.0);
                    MovePtP(Robot1, VorBand);
                DoMove(Robot1);
                MoveLinear(Robot1, UeberBand);
                SetDigitalOutput(DigCon, stop, 2); { BandMove }
                DefMove(Robot1);
                    Speed(Robot1, 60.0);
                    MoveLinear(Robot1, Absetzen);
                DoMove(Robot1);
                Grip(Robot1, 1, open);
                MoveLinear(Robot1, UeberBand);
                SetDigitalOutput(DigCon, go, 2);    { BandMove }
                DefMove(Robot1);
                    Speed(Robot1, 100.0);
                    MoveLinear(Robot1, VorBand);
                DoMove(Robot1);
10 :       { Continue }
            end;
        end;
99 : { Prozedur-Ende }
end; { Abladen }

begin   { program Entladen }
{**************************}
    { Initialisierungen: }
      SysInit;
      FrameIO := Framefile;
      FrameInit(Absetzen, UeberBand, VorBand, Palette);
      VectorInit(Z);
      NameInit(NameFramefile);
      DefMove(Robot1);
          RobotOn(Robot1);
          MoveHome(Robot1);
          Grip(Robot1, 1, open);
      DoMove(Robot1);

100:  { Beginn der Entladung: }
      BandAbfragen(Antwort);
      if Antwort = Nein then begin
          goto 9999; { Programm-Ende }
      end;
      PaletteBereit;
      StartBestaetigen;
      FramesKopieren(Ladung, NameFramefile, VonDisk);
      Abladen(Ladung, Palette,
              Absetzen, UeberBand, VorBand,
              Z, Antwort, NameFrame          );
      if Antwort = Nein then begin
          goto 9999; { Programm-Ende }
      end;
      Writeln('Weitere Palette entladen? (ja/nein):');
      Lesen(Antwort);
```

```
      if Antwort = Ja then begin
          goto 100; { Beginn der Entladung }
      end;
9999: { Programm-Ende }
      MoveHome(Robot1);
      RobotOff(Robot1);
end.
```

Liegt das Bezugskoordinatensystem wie in Bild 3-1 außerhalb des Roboterfußes, und ist die Lage eines Koordinatensystems im Roboterfuß sowie die Lage der Palettenecke gegenüber dem Bezugskoordinatensystem bekannt, so ist mit der Prozedur InvTrans-Frame die Lage der Palettenecke gegenüber dem Koordinatensystem im Roboterfuß zu berechnen. Entsprechend wären auch die Lagen zum Absetzen der Gegenstände zu transformieren.

■

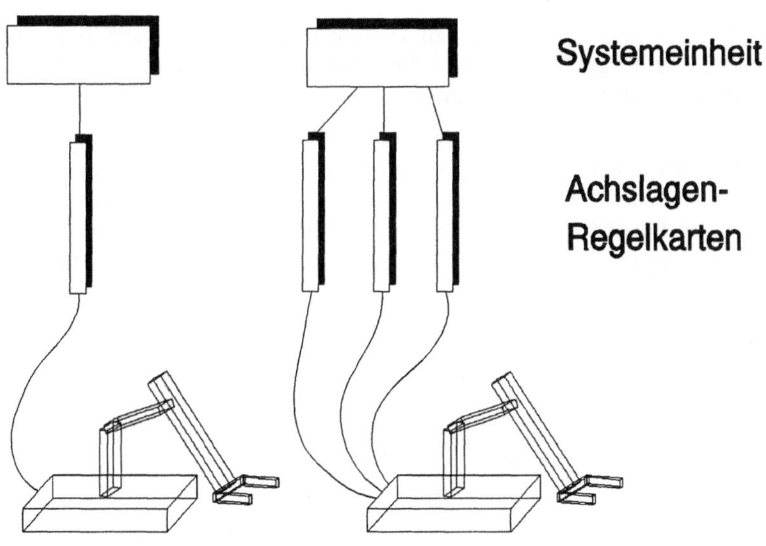

Bild 6-1: Mehrprozessorsysteme für ROBOT-Tools

Die interne Realisierung von ROBOT-Tools, insbesondere die Realisierung des Regelungsteils, bleibt dem Benutzer verborgen. Für einfache Roboter, z.B. für Modelle zu Lehrzwecken, genügt ein leistungsfähiger PC. Industrieroboter fordern meistens mehr Rechenleistung. Neben der Wahl eines anderen Rechners bietet sich hier der Ausbau eines Rechners zu einem Mehrprozessorsystem an. Zu diesem Zweck hat der Vertreiber von ROBOT-Tools eine Achslagen-Regelkarte für PCs entwickelt.

Der rechner- und roboterunabhängige Teil kann auf einem PC, z.B. mit I80486-Prozessor laufen. Der Prozessor kann ergänzt werden mit einem sehr schnellen Numerik-Coprozessor

(Weitek oder andere). Der Steuerungs- und Regelungsteil wird auf die Achslagen-Regelkarte verlagert. Für Roboter mit sechs geregelten Achsen könnten drei Achslagen-Regelkarten verwendet werden. Es ergeben sich damit hierarchische Mehrprozessorsysteme wie in Bild 6-1.

In Tabelle 6.2 sind exemplarisch Achsverfahrgeschwindigkeiten für einen sechsachsigen Industrieroboter angegeben.

Tabelle 6.2: Achsverfahrgeschwindigkeiten

Achse 1	90°/sec
Achse 2	90°/sec
Achse 3	110°/sec
Achse 4/Handachse	200°/sec
Achse 5/Handachse	200°/sec
Achse 6/Handachse	360°/sec

ROBOT-Tools wurde intern so ausgelegt, daß zwischen dem rechner- und roboterunabhängigen Teil und dem abhängigen Teil eine Schnittstelle existiert, welche eine Portierung auf verschiedene Rechnerkonfigurationen unterstützt.

Zur Simulation von Robotern hat der Vertreiber von ROBOT-Tools das Grafische System GRAFRO geschaffen. Mit GRAFRO werden Roboter und ihre Arbeitsumgebung dreidimensional modelliert. Über eine Schnittstelle zu ROBOT-Tools werden die Bewegungen des Roboters simuliert. Die Simulationsprogramme sind ROBOT-Tools-Programme, wie sie in den vorangegangenen Abschnitten vorgestellt wurden. Von ROBOT-Tools aus sind mit den Werten GrafRobot1 bis GrafRobot6 des DeviceTypes die Schnittstellen anzusteuern.

Die Simulation des Roboters Mitsubishi RM 501 im PRO-Tutor wurde mit GRAFRO realisiert. Der Roboter in Bild 2-14 entstammt ebenfalls einer GRAFRO-Simulation.

Übungsaufgaben

Ü 6.1)   Am Ende einer Flaschenabfüllanlage steht ein Roboter, welcher die Flaschen verpacken soll. Die Flaschen stehen nebeneinander und der Greifer ist so konstruiert, daß er 4 Flaschen gleichzeitig packen kann.

Der Roboter soll sich dann mit $180°$ um seine z-Achse drehen. Auf der anderen Seite steht ein Karton bereit, welcher mit $30°$ gegen die Senkrechte zum Roboter hin geneigt ist. In den Karton sind 12 Flaschen in einer 3×4-Anordnung zu packen.

Spezifizieren Sie die Packanlage näher und schreiben Sie ein Programm für den Roboter.

Anhang A: Der PRO-Tutor

Diesem Buch ist auf einer Diskette das Programmsystem PRO-Tutor beigelegt. Der PRO-Tutor ist ein rechnergestütztes Lernsystem für die Roboterprogrammierung. Dieses System basiert auf der industriell bewährten Roboterprogrammiersprache ROBOT-Tools. Da die Roboterprogrammierung auf Vektor- und Matrizenrechnung basiert und dieser Teil im Abschnitt 4 des PRO-Tutors behandelt wird, eignet sich dieser Abschnitt auch unabhängig von der Robotik zur Unterstützung eines Mathematikkurses.

Der PRO-Tutor ist für das Selbststudium ausgelegt. Auf den ersten Bildschirmseiten erklärt er seine Bedienung. Er kann sowohl über eine Tastatur als auch über eine Maus bedient werden. Der Bezug zum PRO-Tutor beginnt in diesem Buch mit dem *Abschnitt 3, Konzepte zur Roboterprogrammierung mit Hochsprachen.*

Um den PRO-Tutor betreiben zu können, muß folgende minimale Hardwarekonfiguration vorhanden sein:

- IBM Personal Computer XT- oder AT-kompatible Rechner oder IBM PS/2-Rechner.
  - Hauptspeicherkapazität 640 KByte.
  - 1 Floppylaufwerk mit 360 KByte oder 1.2 MByte Kapazität.
  - 1 Festplattenlaufwerk mit 10 MByte Kapazität.
  - Graphikkarte (Monochrom oder Farbe).

Als Softwarekonfiguration wird vorausgesetzt:

- MS-Windows 3.0, 3.1 oder WIN-OS/2.

Die beigelegte Diskette enthält folgende Files:

- TUTOR.EXE   Unter MS-Windows ausführbares Tutorial.
- MESSAGE.DAT Enthält die Fehlermeldungen.
- TUTOR.TL   Enthält die Tutor-Hilfstexte.
- TFONT.FON   Enthält den Tutor-Zeichensatz.
- INSTALL.BAT   Installationsprogramm.
- READ.ME   Enthält wichtige Hinweise zur ausgelieferten Tutor-Version. (Dieses File kann fehlen)

A.1 Die Installation des PRO-Tutors unter DOS/Windows

Wählen Sie ein Verzeichnis, in welches der PRO-Tutor kopiert werden soll, z.B.

    C:\TUTOR

Nachdem Sie Ihren Rechner eingeschaltet haben und sich das DOS-Betriebssystem mit dem Prompt C:\> oder mit dem Prompt A:\> meldet, gehen Sie bitte folgendermaßen vor:

(1) Legen Sie die PRO-Tutor-Installationsdiskette in Laufwerk A: ein.
(2) Wechseln Sie in das Verzeichnis, in welches der PRO-Tutor installiert werden soll.

(3) Starten Sie das Installationsprogramm INSTALL durch Eingabe von:

   A:INSTALL < RETURN >

Nun erfolgt automatisch die Installation.

Bewahren Sie die Installationsdiskette gut auf, damit Sie die Installation jederzeit wiederholen können.

A.2 Die Bedienung des PRO-Tutors

Das System MS-Windows muß vor Start des PRO-Tutors installiert worden sein. Sie können den PRO-Tutor dann von der DOS-Ebene oder von Windows aus starten.

Beim Start von der DOS-Ebene wechseln Sie mit CD in das Verzeichnis, in dem der PRO-Tutor installiert wurde. Nun geben Sie WIN TUTOR ein. Wurde der PRO-Tutor im Verzeichnis C:\TUTOR installiert, so ergibt sich die Zeichenfolge:

   CD \TUTOR < RETURN >
   WIN TUTOR < RETURN >

Beim Starten aus der Windows-Ebene wechseln Sie mit dem *Datei-Manager* in das Verzeichnis, in dem der PRO-Tutor installiert wurde. Sie wählen dann mit den Pfeiltasten den Dateinamen TUTOR.EXE und drücken auf < RETURN > oder Sie bewegen den Mauszeiger auf den Dateinamen TUTOR.EXE und führen einen Doppelklick aus. Installation und Bedienung unter WIN-OS/2 verlaufen entsprechend.

Nun erscheint die erste Bildschirmseite des PRO-Tutors. Folgen Sie dem Text dieser Seite und der nächsten Seiten und arbeiten Sie die Abschnitte 1 und 2 gemäß den Anweisungen auf dem Bildschirm durch. Auf den ersten Seiten erfahren Sie auch, wie man den PRO-Tutor mit der Tastatur oder mit der Maus bedient. In kurzer Zeit werden Sie mit dem PRO-Tutor vertraut sein, so daß Sie sich danach im Zusammenhang mit diesem Buch den Kapiteln der Mathematik und der Robotersteuerung widmen können.

Bei der Arbeit mit dem PRO-Tutor werden Sie sehen, daß Sie bei den Prozeduren zur Mathematik und zur Robotersteuerung selbstgewählte Parameterwerte eingeben können. Diese Werte werden während einer Sitzung mit dem PRO-Tutor intern gespeichert und können auch von Ihnen wieder verändert werden. Nach dem Verlassen des PRO-Tutors sind diese Werte dem PRO-Tutor nicht mehr bekannt. Bei erneutem Aufruf des PRO-Tutors werden die voreingestellten Werte des Programms eingesetzt.

Die diesem Buch beigelegte Version des PRO-Tutors enthält nicht die Ansteuerung des Roboters Mitsubishi RM-501, sondern lediglich die Simulation dieses Roboters.

Literaturhinweise

[2I1]   *2i Industrial Informatics:* ROBOT-Tools Sprachbeschreibung, Freiburg

[AE1]   *AEG:* Die Speicherprogrammierbare Steuerung, AEG Automatisierungstechnik, Seligenstadt

[BE1]   *Berger:* Automatisieren mit SIMATIC S5-155U, Siemens AG, Berlin-München, 1989

[BL1]   *Blume, Jakob, Favaro:* PasRo, Springer-Verlag, Berlin-Heidelberg-New York, 1987

[BL2]   *Blume, Dillmann:* Frei programmierbare Manipulatoren, Vogel-Verlag, Würzburg, 1981

[DA1]   *Däßler, Sommer:* Pascal, Springer-Verlag, Berlin-Heidelberg-New York, 1985

[DI1]   *Dillmann:* Lernende Roboter, Fachberichte Messen, Steuern, Regeln 15, Springer-Verlag, Berlin-Heidelberg-New York, 1988

[GE1]   *Geitner:* CIM-Handbuch, Vieweg, Braunschweig-Wiesbaden, 1987

[GM1]   *GMFanuc Robotics Europe GmbH:* KAREL-Systemreferenz-Handbuch, Erkrath, 1988

[GM2]   *GMFanuc Robotics Europe GmbH:* Kurzbeschreibungen diverser Roboter, Erkrath, 1988

[GR1]   *Groover, Weiss, Nagel, Odrey:* Robotik umfassend, Mc Graw-Hill, Hamburg, 1987

[HO1]   *Horn:* MINIAPT, NC-Software GmbH, Frankfurt

[IB1]   *IBM Deutschland GmbH:* Fertigungssystem IBM 7575/7576, IBM Form GT12-3383-1, Stuttgart, 1987

[JA1]   *Jacobson:* Einführung in die Prozeßdatenverarbeitung, Hanser-Verlag, München-Wien, 1989

[JA2]   *Jährling:* CIM Computer Integrated Manufacturing bei der Fertigung des Omega, Adam Opel AG, PR-Programme, Rüsselsheim, 1989

[JE1]   *Jensen, Wirth:* Pascal User Manual and Report, Springer-Verlag, New York-Berlin-Heidelberg, 1985

[KU1]   *Kucera:* Automatisieren mit SPS, Markt&Technik Verlag, Haar, 1988

[KU2]   *KUKA:* Industrieroboter, das Programm für Traglasten von 8 bis 240 Kg, Augsburg

[PA1]   *Papula:* Mathematik für Ingenieure 1/2, Vieweg, Braunschweig-Wiesbaden, 1988

[PA2]   *Paul:* Robot Manipulators - Mathematics, Programming and Control, MIT Press, Cambridge MA, 1983

[RA1]   *Raab:* Handbuch Industrieroboter, Vieweg, Braunschweig-Wiesbaden, 1981

[RA2]   *Ranky, Ho:* Robot Modelling, Springer-Verlag, Berlin-Heidelberg-New York, 1985

[RE1]   *Rembold, Dillmann:* Computer-Aided Design and Manufacturing, Springer-Verlag, Berlin-Heidelberg-New York, 1986

[RE2]   *Rehr:* (Hrsg.) Automatisierung mit Industrierobotern, Reihe Fortschritte der Robotik, Vieweg, Braunschweig-Wiesbaden, 1989

[RO1]   *Rogers, Adams:* Computer Graphics, Mc Graw-Hill, New York, 1976

[SA1]   *Sautter:* Numerische Steuerungen für Werkzeugmaschinen, Vogel-Verlag, Würzburg, 1985

[SC1]   *Schnieder:* Prozeßinformatik, Vieweg, Braunschweig-Wiesbaden, 1986

[SI1]   *Siemens AG:* Sirotec RCM2 und RCM3 Programmieranleitung, Nürnberg, 1987

[ST1]   *Stäubli-Unimation:* Benutzerleitfaden für VAL II, Frankfurt

[ST2]   *Stäubli-Unimation:* Technische Spezifikationen diverser Roboter, Frankfurt

[ST3]   *Stoer:* Numerische Mathematik I, Springer-Verlag, Berlin-Heidelberg-New York, 1989

[ST4]   *Stute:* EXAPT, Hanser-Verlag, München, 1969
[WE1]   *Weck:* Werkzeugmaschinen Band 1, VDI Verlag, Düsseldorf, 1988
[WE2]   *Weck:* Werkzeugmaschinen Band 3, VDI Verlag, Düsseldorf, 1978
[WE3]   *Wellenreuther, Zastrow:* Speicherprogrammierte Steuerungen 1, Vieweg, Braunschweig-Wiesbaden, 1987

Aufsätze

[BE2]   *Becker, Staggl:* Ausgewählte Aspekte bei der Entwicklung eines Portalroboters, Robotersysteme Band 4, Heft 4, 1988, S.240-244
[BL3]   *Blume:* Problemorientierte Roboterprogrammiersprachen und die IRDATA-Schnittstelle, in HMD, Handbuch der Modernen Datenverarbeitung, Heft 134, Forkel-Verlag, Wiesbaden, 1987, S.46-59
[BR1]   *Brendel:* Speicherprogrammierbare Steuerungen, Informatik Spektrum Band 8, Heft 1, 1985, S.40
[DE1]   *Denavit, Hartenberg:* A kinematic notation for lower pair mechanisms based on matrices, ASMEJ.Applied Mechanics, 1955, S.215-221
[DI2]   *Dillmann:* Robotik, Informatik Spektrum Band 12, Heft 5, 1989, S.290-291
[GR2]   *Grötsch:* Speicherprogrammierbare Steuerungen: Abgrenzung und Definition, atp 31, Heft 6, 1989, S.264-271
[HE1]   *Heiß:* Theorie und Anwendung der Koordinatentransformation bei Roboterkinematiken, Informatik Forschung und Entwicklung, 2, 1987, S.19-33
[KO1]   *Koch, J.:* Entwicklung eines ADA-Packages zur Steuerung eines Fischertechnik Trainingsroboters, Diplomarbeit, Fachhochschule Frankfurt, 1988
[RO2]   *Rothenbacher:* Entwicklung und Test eines Schnittstellen-Konverters zur Datenübertragung zwischen dem Offline-Programmiersystem DROPSYS und dem CATIA-CAD-System, Diplomarbeit, Fachhochschule Frankfurt, 1990
[SE1]   *Seidel:* Quaternionen in Computergraphik und Robotik, it 32, 1990, S.266-275
[WE4]   *Weber:* Reduktion von Robotermodellen für die nichtlineare Regelung, at 38, Heft 11, 1990, S.410-415
[WI1]   *Winterstein:* Produktionsanlagen am Bildschirm entworfen, IBM Nachrichten 41, Heft 304, 1991, S.24-30

Normen

Die Angaben in Klammern beziehen sich auf DIN-Taschenbücher, in denen Normen zu bestimmten Sachgebieten zusammengestellt wurden.

DIN 19226, 03/84:   T1, Regelungs- und Steuerungstechnik (TAB 241/90)
DIN 19237, 02/80:   Steuerungstechnik (TAB 25/89)
DIN 19239, 05/83:   Steuerungstechnik Speicherprogrammierte Steuerungen
DIN 40719, 04/79:   T3, Schaltungsunterlagen (TAB 98/89)
DIN 40900, 03/88:   T7, Graphische Symbole für Schaltungsunterlagen (TAB 501/89)
DIN 66025, 01/83:   T1, Programmaufbau für numerisch gesteuerte Arbeitsmaschinen (TAB 200/87)
DIN 66025, 01/83:   T2, Programmaufbau für numerisch gesteuerte Arbeitsmaschinen (TAB 200/87)
DIN 66201, 05/81:   T1, Prozeßrechensysteme (TAB 25/89)

DIN 66215, 08/74:   B1, CLDATA (TAB 200/87)
DIN 66215, 02/82:   T2, CLDATA (TAB 200/87)
DIN 66217, 12/75:   Koordinatenachsen und Bewegungsrichtungen für numerisch gesteu-
                    erte Arbeitsmaschinen (TAB 200/87)
DIN 66246, 10/83:   T1, Prozessor-Eingabesprache (TAB 200/87)
DIN 66256, 01/85:   Programmiersprache Pascal (TAB 166/85)
DIN 66267, 08/84:   T1, Datenaustausch mit numerischen Steuerungen (TAB 200/87)
VDI 2861, 05/82:   Blatt 2, Kenngrößen für Handhabungseinrichtungen (Entwurf)
VDI 2863, 12/87:   Blatt 1, IRDATA, Allgemeiner Aufbau, Satztypen und Übertragung
VDI 2880, 01/85:   Speicherprogrammierbare Steuerungsgeräte

Sachwortverzeichnis

2i Industrial Informatics
2i ROBOMATIC

2i Industrial Informatics - der Name als Programm. Seit über 10 Jahren sind wir spezialisiert auf die Konzeption und Erarbeitung von Software- und Systemlösungen für industrielle Anwendungen. Unser Know-how basiert auf einer Vielzahl erfolgreicher Projekte und auf Forschung und Entwicklung in internationaler Kooperation.

2i ROBOMATIC – die Experten für Automatisierung mit Köpfchen. Unsere Spezialgebiete:

- Automatisierungstechnik: Planung, Entwicklung und Integration von Software und Technologien für die Industrie;

- Roboter-Steuerung: Programmierung, Simulation und Steuerung von Robotern, Handhabungs- und Steuerungsgeräten mithilfe eines komplexen, universellen Programmiersystems;

- BDE-Systemlösungen: dialogorientierte, direkte – d.h. am Ort ihrer Bearbeitung lokalisierte – Schnittstellen zum Benutzer;

2i ROBOMATIC – Automatisierung als Wirtschaftlichkeitsfaktor. Ihre Vorteile:

- niedrigere Produktionskosten;
- erhöhte Produktivität;
- verkürzte Durchlaufzeiten;
- flexiblere Fertigung;
- konstante Produktqualität;
- geringerer Entwicklungsaufwand;
- schnellere Innovationszyklen;
- gesteigerte Wettbewerbsfähigkeit;

2i ROBOMATIC – komplexe Lösungen mit System. Unser Leistungsangebot:

- Analyse der Ablauforganisation und der Vorgangsketten Ihres Unternehmens;

- Erstellung des Integrationskonzeptes;

- Übernahme des Projektmanagements;

- Vernetzung produktionstechnischer und betriebswirtschaftlicher Abläufe;

- Nutzung Ihres bewährten Know-how;

- Einsatz von Standard-Software und Entwicklung ergänzender Systembausteine;

- Lieferung und Installation bedarfsgerechter, da herstellerunabhängig bezogener Hardware;

- Systemübergreifende Wartung und Pflege Ihrer von Robomatic realisierten Gesamtlösung.

2i ROBOMATIC – bewährte Standards mit Profil. Wir verbinden erprobte Software-Werkzeuge mit ergänzenden System-Bausteinen. Die Realisierung: Ihr kostengünstiges und maßgefertigtes Automatisierungs-System.

Weitere Informationen:
2i Industrial Informatics GmbH
2i ROBOMATIC
Bismarckstr.20
W-7500 Karlsruhe
Tel.: 0721 / 2 57 85
FAX: 0721 / 2 54 35

2i Industrial Informatics GmbH
Haierweg 20e
W-7800 Freiburg
Tel.: 0761 / 4 22 57
FAX: 0761 / 47 43 12

2i Industrial Informatics ROBOT-TOOLS

ROBOT-TOOLS wurde von der Firma 2i Industrial Informatics GmbH basierend auf modernsten Methoden und Techniken konzipiert.

Hinter dem Namen **ROBOT-TOOLS** verbergen sich eine ganze Palette von Systemkomponenten und Werkzeugen, die sich untereinander ergänzen:

ROBOT-TOOLS

Das universelle Offline-Programmiersystem, das für eine Vielzahl verschiedener Roboter anwendbar ist. **ROBOT-TOOLS** läßt sich gegebenenfalls mit wenig Aufwand an neue Robotertypen, -technologien und an die zugehörigen Steuerrechner anpassen.

TEACH-IN

TEACH-IN ist eine Applikation, die in **ROBOT-TOOLS** geschrieben wurde und dadurch eine optimale Verbindung der online ermittelten Daten mit den offline programmierten Bewegungsbahnen ermöglicht. **TEACH-IN** kann an verschiedene Bedienverfahren angepasst und somit herstellerindividuell gestaltet werden.

GRAFRO

Das universelle Robotermodellierungs- und Simulationssystem, das – gekoppelt mit **ROBOT-TOOLS** – die graphische Simulation der Roboterbewegungen und die Darstellung der den Roboter umgebenden Umwelt in 3-D schon auf einem graphikfähigen PC ermöglicht.

TUTOR

Das Lehrprogramm, das den Benutzer einfach und verständlich in die Welt der Roboterprogrammierung in natürlichen Raumkoordinaten einarbeitet.

CON-TROL

Das Achslagerregelsystem **RT-CONTROL** verbindet die Softwaretools mit der realen Welt der Servo-Verstärker und Antriebe.

Mit **ROBOT-TOOLS** verfügt der Programmierer über ein leistungsfähiges Werkzeug:

- zum Beschreiben und Berechnen von geometrischen Bezügen (z.B. die Position und Orientierung des Greifers zur Aufnahme eines Werkstückes),

- zur Bewegung des Roboters (verschiedene Interpolationsarten, z.B. Abfahren einer Geraden im Raum oder eines Kreisbogens),

- zur Steuerung eines Greifers,

- zur Ein-/Ausgabe von Signalen und Sensordaten,

- zur Ein-/Ausgabe von geometrischen Daten in für den Benutzer aufbereiteter Form, beispiels-weise die Position und Orientierung des Industrieroboters.

Die Konzeption von **ROBOT-TOOLS** erlaubt weiterhin:

- Übertragungen auf andere Industrieroboter ohne großen Aufwand durchzuführen.

- Adaptionen an beliebige Programmierrechner, da die Implementierungsprachen PASCAL oder "C" auf quasi jedem Rechner zur Verfügung steht.

- Bedienoberflächen zu erstellen, die auch dem ungeübten Anwender die Handhabung des Industrieroboters ermöglichen.

Weitere Informationen zu

ROBOT-TOOLS:

2i Industrial Informatics GmbH
2i ROBOMATIC
Bismarckstr. 20
W-7500 Karlsruhe
Tel.: 0721 / 2 57 85
FAX: 0721 / 2 54 35